VULGARISATION DE LA COSMOGRAPHIE

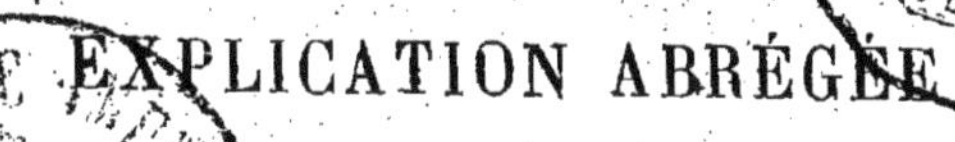

EXPLICATION ABRÉGÉE

DE

L'INDICATEUR ASTRONOMIQUE

DES PIÈCES MOBILES ADAPTÉES

OU

ANNEXÉES A CETTE CARTE

ET DES FIGURES DE COSMOGRAPHIE QUI S'Y TROUVENT JOINTES

PAR

L. BEAUMARCHEY,

Auteur de divers travaux cosmographiques, instruments, appareils, figures, tableaux, traités, etc.

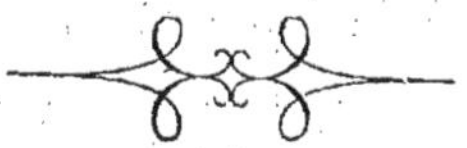

PARIS

CHEZ LEIBER, LIBRAIRE - ÉDITEUR,

RUE DE SEINE, 13.

[illegible]

[illegible]

[illegible]

[illegible]

[illegible]

Ⓒ.

[illegible]

[illegible]

VULGARISATION DE LA COSMOGRAPHIE.

EXPLICATION ABRÉGÉE (1)

DE

L'INDICATEUR ASTRONOMIQUE,

DES PIÈCES MOBILES ADAPTÉES OU ANNEXÉES A CETTE CARTE ET DES FIGURES DE COSMOGRAPHIE QUI S'Y TROUVENT JOINTES.

Par L. BEAUMARCHEY.

Idée générale et préliminaire. L'Indicateur astronomique est une carte céleste d'un genre nouveau, en ce que, par sa composition et l'ensemble des pièces mobiles qu'il porte, il est appelé à tenir lieu d'un globe, dont il reproduit les principaux éléments; il offre même des avantages qu'un globe ne peut donner. Les figures de cosmographie qu'on y a jointes et les explications qui l'accompagnent, pour en faire comprendre les parties, le mécanisme et les usages ou applications (2), en font un ouvrage d'une étude utile, intéressante et facile. (3)

(1) Abrégée, mais suffisante. Une explication plus détaillée et plus complète sera ultérieurement publiée.

(2) Nous signalerons surtout, comme application intéressante des principes exposés dans l'explication, la *méthode* fort simple à l'aide de laquelle on *établit la sphère céleste*, sur l'horizon d'un lieu quelconque et comment on tire de la latitude et de la longitude, des indications variées et utiles. (Voir les § 86 et suivants).

(3) L'Indicateur astronomique doit être suivi de deux autres : l'un, l'*Indicateur sidéral*, représentera ce qui concerne les mondes stellaires; l'autre, l'*Indicateur planétaire*, ce qu'il y a de plus important dans le système solaire ou planétaire.

CHAPITRE PREMIER.

Ce que représente et contient l'Indicateur.

1. La sphère céleste, comme le globe terrestre, se divise en deux *hémisphères*, l'un boréal et l'autre austral. L'équateur céleste à égale distance des deux pôles du monde, est sur la limite de ces deux hémisphères.

2. L'Indicateur renferme presque toutes les **constellations** boréales, dans l'intérieur de l'équateur, et un certain nombre de constellations australes, en dehors de l'équateur.

3. Les étoiles qui composent une constellation, sont reliées entre elles par des traits, ce qui permet de se faire une idée facile de la configuration principale des constellations. Nous n'avons pris dans les constellations, que les étoiles les plus propres à en indiquer la place et la configuration.

4. Les étoiles se classent, d'après leur éclat, en plusieurs ordres qu'on appelle **grandeurs.** Nous n'avons porté que des étoiles des six premières grandeurs. On voit au bas et en dehors de la carte, comment nous les avons représentées. On désigne chaque étoile, d'après sa grandeur, par des nombres et surtout par les lettres de l'alphabet grec, que nous avons remplacées par les lettres correspondantes de l'alphabet français. Mais, comme les lettres grecques répondent généralement à la grandeur des étoiles, il faut connaître l'ordre des lettres de cet alphabet, et donner aux lettres françaises le même ordre et la même valeur.

α, β, γ, δ, ε, ζ, η, θ, ι, κ, λ, μ, ν, ξ, o, π, ρ, σ, τ,
a. b. g, d, é, z, ê, th, i, c, l, m, n, x, o, p, r, s, t,

υ, φ, χ, ψ, ω.
u, phi, chi, psi, ô.

5. L'Indicateur a l'avantage d'une **carte muette.** Exercez-vous à dire les noms des constellations et des étoiles qui en ont un particulier, sans recourir à la liste.

Au centre de la carte est le **pôle boréal** indiqué par le nombre 90 et par l'étoile polaire.

6. L'Indicateur porte un **calendrier circulaire** placé de manière que chaque quantième correspond, dans le sens des rayons, au point de l'écliptique où est le soleil ce jour-là. Les quantièmes sont indiqués de cinq en cinq jours par des nombres, et les quantièmes intermédiaires, par de petites divisions faciles à voir et à suivre.

7. En allant du centre de la carte à sa circonférence, on trouve, après le calendrier, un cercle qui porte une inscription indiquant l'usage auquel il est destiné. On trouvera plus loin des explications sur l'usage de ce cercle.

8. Viennent ensuite l'**écliptique** et l'**équateur** qui se coupent en deux points opposés. L'écliptique représente le cercle que le soleil décrit en un an sur la sphère céleste, par suite du mouvement annuel de la terre. On expliquera plus loin sa disposition sur la carte et ses intersections avec l'équateur.

9. Le **zodiaque** est une bande céleste, large de 16 degrés, et dont l'écliptique occupe toujours le milieu. Il traverse les mêmes constellations que l'écliptique, et se divise, comme ce cercle, en 12 signes ou parties à peu près égales, de 30 degrés chacune : ce sont les signes du

Bélier ♈, du Taureau ♉, des Gémeaux ♊, du Cancer ♋, du Lion ♌, de la Vierge ♍, qu'on appelle signes septentrionaux, parcequ'ils sont dans l'hémisphère boréal. Le soleil les parcourt pendant le printemps et l'été, à partir de l'équinoxe du printemps ♈, à celui d'automne ♎ ; il y en a six. Viennent ensuite les signes méridionaux dans l'hémisphère austral, au sud et en dehors de l'équateur, sur la carte : ce sont la Balance ♎, le Scorpion ♏, le Sagittaire ♐, le Capricorne ♑, le Verseau ♒ et les Poissons ♓ (1). Le soleil les parcourt en automne et en hiver, de l'équinoxe d'automne à celui du printemps. Les constellations du zodiaque sont : 1° les boréales : Poissons, Bélier, Taureau, Gémeaux, Cancer, Lion ; 2° les australes : Vierge, Balance, Scorpion, Sagittaire, Capricorne, Verseau. On voit que les constellations ne répondent pas aux signes qui portent leurs noms. Ainsi, la constellation des Poissons répond au signe du Bélier, celle du Bélier, au signe du Taureau, etc. On en verra ailleurs la raison.

10. Vers quatre points de l'écliptique, remarquez les initiales majuscules E. P. équinoxe de printemps, vers le 20 mars ; S. E. solstice d'été, vers le 21 juin ; E. A. équinoxe d'automne, vers le 23 septembre ; S. H, solstice d'hiver, au 22 décembre. Ce sont les points de l'écliptique où se trouve le soleil au commencement des quatre saisons. Le premier et le troisième sont appelés points

(1) Les caractères typographiques qui représentent les signes du zodiaque, diffèrent un peu de ceux qui sont dessinés sur l'Indicateur. Cela est surtout sensible pour ♊ et pour ♐. Le premier répond à celui qui, sur la carte, se trouve entre *pl* et *hy* de la constellation 2, sur le rayon du 60me degré de l'équateur. Le second répond à la flèche qui se trouve au-dessus de l'étoile *a* de la constellation 8.

équinoxiaux; le deuxième et le quatrième, points solsticiaux, l'un à 23 degrés 1/2 au nord de l'équateur, et l'autre à 23 degrés 1/2 au sud.

11. L'équateur est partout à égale distance du pôle. Il est divisé en 360 degrés, marqués de cinq en cinq par des nombres; les degrés intermédiaires sont marqués par de simples divisions. Comme l'équateur terrestre, l'équateur céleste a des usages qu'il faut connaître. La position des étoiles sur la sphère céleste, s'indique par des moyens analogues à ceux qu'on emploie pour indiquer la position relative des lieux sur la terre. Ce qui répond à la latitude sur la terre, est appelé **déclinaison** dans le ciel; ce qu'on appelle longitude sur la terre, est appelé **ascension droite** sur la sphère céleste. A l'aide de la déclinaison et de l'ascension droite, on fixe la position relative des étoiles.

12. La déclinaison est boréale ou australe; elle est toujours la distance d'un astre à l'équateur, mesurée par un arc du méridien, et exprimée dans chaque hémisphère par 90 degrés.

13. Sur l'Indicateur, à partir du pôle, deux rayons sont tracés, à droite et à gauche, jusqu'au bord extérieur de la carte. Les divisions de ces rayons qui représentent ici des parties d'un méridien céleste, portent les degrés de déclinaison. Par chacun de ces degrés, on peut faire passer, par la pensée, un parallèle à l'équateur. On trouve la déclinaison d'une étoile, en mesurant, à l'aide d'une ouverture de compas, sa distance à l'equateur. Reportez cette ouverture de compas sur la ligne où sont les degrés de déclinaison et vous aurez ainsi la déclinaison de l'étoile.

14. L'ascension droite est la distance d'une étoile au

méridien céleste qui passe par le point vernal ♈. L'ascension droite, en partant de ce point, se continue dans l'ordre des 12 signes et revient à ce même point. Il n'y a pas ici d'hémisphère oriental ni occidental, comme sur la terre, par l'effet de la longitude. L'ascension droite est marquée sur l'équateur par les 360 degrés de ce cercle. Pour trouver l'ascension droite d'une étoile, il suffit de faire passer par cette étoile, le fil qui part du centre de la carte, et le degré de l'équateur par où ce fil passera en même temps que sur l'étoile, exprimera l'ascension droite de cette étoile.

15. Il est facile de voir qu'à l'aide de la déclinaison et de l'ascension droite combinées, et dont les degrés se rapportent à l'équateur, on peut déterminer la position de tous les astres sur la sphère céleste.

16. Ce qu'on appelle latitude et longitude sur la sphère céleste, est rapporté à l'écliptique et à ses pôles ; nous n'en parlerons pas ici.

17. Les **rayons** qui vont du calendrier au bord de la carte, en passant par l'équateur, peuvent être considérés comme des parties de méridiens, et propres à indiquer l'ascension droite des astres ; ils facilitent du moins l'opération qui a pour but de la trouver.

18. La **voie lactée** est une bande ou zone céleste dont la direction et la largeur sont fort inégales. Elle est formée par des étoiles très-éloignées, accumulées dans cette zone, et dont la lumière, en se confondant, donne à cette partie du ciel un aspect nuageux et blanchâtre. Le pointillé qui représente la voie, nous a paru propre à rendre cette accumulation d'étoiles qui se confondent. Dans certains endroits de cette zone, il y a des vides ou lacunes ; ailleurs elle est scindée, comme on le voit dans la partie inférieure de la carte.

19. Les **étoiles** qui semblent à nos yeux comme attachées à une voûte sphérique, mobile autour de la terre, sont des soleils comme le nôtre, ayant probablement, comme lui, des planètes ou corps non lumineux, pour satellites. Ces soleils sont placés à des distances immenses, incalculables, de nous, et les uns des autres ; ils forment dans l'espace des amas distincts. Notre soleil appartient à un de ces amas, dont la voie lactée nous présente la partie la plus fournie d'étoiles. On appelle **nébuleuses** d'autres amas qui sont à des distances encore plus grandes et telles que, la lumière, qui parcourt plus de 70,000 lieues par seconde, met pour nous arriver de certaines étoiles, un grand nombre d'années, et peut être même plus d'un siècle. Les nébuleuses sont aussi des amas de matière stellaire où, par une incessante création, s'élaborent des astres nouveaux. La sphère céleste n'est donc que le plan dans lequel nous voyons une partie des corps lumineux qui peuplent l'espace sans borne, à des distances très-grandes et très-variées. Notre soleil n'est qu'une étoile d'une moyenne grandeur, et notre terre est infiniment trop petite et trop peu éclairée pour être aperçue à la distance des étoiles. Si donc, il est, à certains égards, bon de considérer le ciel sous sa forme apparente de sphère, il est bon aussi, quelquefois, de briser cette sphère dont le centre est partout et la circonférence nulle part (1), afin d'avoir une idée plus vraie de l'espace sans bornes connues et des corps qui l'occupent.

---

(1) Dans l'Indicateur Sidéral et dans le Planétaire, on trouvera des figures et des explications sur les diverses parallaxes à l'aide desquelles on calcule la distance des corps célestes.

CHAPITRE II.

Usage principal de l'Indicateur; comment on s'oriente; méridien; cercle horaire; comment on reconnait dans le ciel ce qu'indique la carte; mouvements apparents, mouvements réels.

20. L'usage principal de l'Indicateur est de faire connaître l'heure à laquelle telles constellations, telles étoiles sont au méridien, un jour donné, et, par ce moyen, la partie du ciel visible sur l'horizon, à cette heure et ce jour.

21. Ce n'est pas sur la carte qu'il faut chercher le méridien par où nous disons que les astres passent tous les jours, mais bien *dans le ciel, au-dessus de l'horizon du lieu où vous êtes.* Pour apprendre à reconnaître dans le ciel les constellations à l'aide de notre Indicateur, et faire ces observations d'une manière plus sûre et plus facile, il faut d'abord s'**orienter,** c'est-à-dire reconnaître les quatre points cardinaux, *nord, sud ou midi, est, levant ou orient, ouest, couchant ou occident.* Choisissez le lieu qui vous paraîtra le plus commode et le plus favorable pour observer le ciel, le lieu où l'horizon est le plus découvert, surtout du côté du midi, puis orientez-vous. Pour cela, observez de quel côté de votre horizon se trouve *le soleil à midi;* tournez-vous de ce côté, vous aurez le midi devant vous, le nord derrière, l'est à gauche et l'ouest à droite.

22. Pour déterminer le **méridien** sur la sphère du ciel, restez dans la position dont nous parlons, et supposez un cercle dans le ciel, qui passe par le point nord de l'horizon, puis au-dessus de votre tête et aille couper l'horizon au sud, ce sera le **méridien.** Fixez bien attentivement les quatre points cardinaux sur votre horizon et dans votre mémoire, pour pouvoir les bien retrouver le soir et pendant la nuit.

23. La **méridienne** est une ligne, dans le plan même du méridien, tracée sur l'horizon du nord au sud. Il serait bon que sur le sol du lieu choisi pour observer le ciel, on traçât aussi bien que possible, une méridienne : ce serait un moyen d'avoir une position exacte et identique chaque fois qu'on voudrait observer la sphère céleste.

24. Rien n'est plus facile que de *s'orienter la nuit*, quand le ciel n'est pas couvert. Le *Chariot de la Grande-Ourse* (1) est une constellation généralement connue ; il se compose de sept étoiles brillantes dont quatre forment un carré long et trois autres une sorte de queue ou de timon. Près de cette constellation, s'en trouve une autre appelée la *Petite-Ourse* (2), composée aussi de sept étoiles ayant une disposition analogue, mais en sens inverse et plus petites. Le carré long de la Petite-Ourse est formé de deux étoiles brillantes et de deux autres plus faibles. Des trois étoiles de la queue, deux sont faibles et la dernière brillante : c'est l'*Étoile Polaire ;* elle est très près du *pôle nord* et semble toujours rester à la même place, tandis que toutes les autres étoiles du ciel semblent décrire en 24 heures, une circonférence plus ou moins grande sur la sphère céleste. En vous tournant vers le nord, vous verrez l'étoile polaire à une distance à peu près moyenne, dans nos contrées, entre le point nord de l'horizon et le *zénith*, point du ciel qui est directement au-

(1) Sur la carte, n° 14.
(2) Sur la carte, n° 13.

dessus de votre tête. Dans cette position, vous aurez le nord devant vous, le midi derrière, l'est à droite et l'ouest à gauche. Le méridien est toujours le même, il passe par le nord, par le pôle ou étoile polaire, par le zénith et le midi. Jusqu'à ce que vous soyez plus habitué aux observations, faites-les toujours à la même place, et que les points cardinaux, ainsi que la direction du méridien sur la sphère du ciel, soient bien fixés dans votre esprit.

25. Quand vous vous serez ainsi orienté, il vous sera facile de reconnaître dans le ciel les astres que vous présente l'Indicateur (1).

26. Au milieu de la carte est un **cercle horaire mobile**; il est fixé au centre, et il indique les 24 heures du jour divisées en deux fois 12 heures. Le midi de ce cadran porte une petite aiguille. Sur la carte même sont marqués les 12 mois de l'année divisés en jours (calendrier circulaire).

27. Quand on veut se servir de l'Indicateur, il faut toujours amener l'aiguille de midi sur le point qui répond au quantième ou jour du mois où l'on est, si l'on veut connaître l'état du ciel pour ce jour-là, ou sur le point qui répond au jour pour lequel on veut faire cette opération. Lorsque l'aiguille horaire de midi est ainsi placée sur le quantième, on trouve à quelle heure un astre ou une constellation passe au méridien du lieu où l'on est, en regardant à quelle heure du cercle horaire correspond l'astre ou la constellation. Pour aider à trouver les heures auxquelles correspondent les étoiles, on a tracé sur la

(1) Pour faciliter l'étude première des étoiles et des constellations sur la carte et dans le ciel, aux jeunes gens et à toutes les autres personnes, nous avons imaginé un jeu qui rend cette étude amusante et variée. La boîte de ce jeu et son explication se vendent à part.

carte des **rayons** qui partent du cercle des mois et se prolongent jusqu'aux bords de la carte. Tous les astres qui se trouvent sur le même rayon, passent au méridien ensemble et à la même heure. Exemple : prenons le 5 juin, mettons l'aiguille sur ce quantième. Nous voyons que l'étoile marquée *b* de la 17ᵐᵉ constellation (Cassiopée), *a* de la 27ᵐᵉ (Andromède), et *g* de la 26ᵐᵉ (Pégase), passent au méridien vers 7 heures du matin, parce que ces étoiles, placées à peu près sur le même rayon, répondent, pour ce jour-là, à 7 heures plus quelques minutes sur le cercle horaire. On trouverait de même l'heure du passage au méridien pour une étoile quelconque. Exemple : Procyon de la 39ᵐᵉ constellation (le Petit Chien) passe au méridien, le 1ᵉʳ avril, vers 6 heures 40 minutes du soir.

28. Au nœud qui fixe le cercle des heures à la carte, est attaché un fil assez long pour aller jusqu'aux bords de la carte. Quand on a placé l'aiguille horaire sur le quantième, il faut tendre ce fil de manière à le faire passer par les différentes étoiles dont on veut connaître l'heure du passage au méridien ce jour-là. L'heure ou la fraction d'heure par laquelle passe le fil tendu sur le cercle horaire et sur telle ou telle étoile, indique le moment où cette étoile passe au méridien ce jour-là. Pendant ces opérations, il faut avoir soin que le cercle mobile des heures ne se dérange pas et que l'aiguille ne quitte pas le quantième sur lequel on l'a placée. Pour cela, on peut fixer momentanément le cercle horaire à la carte par le moyen d'une *petite boulette de cire blanche*, qui tenant à un point quelconque du dessous du cercle horaire, peut, par une pression du doigt, adhérer à la carte et s'en détacher à volonté, sans la salir.

29. Lorsque vous aurez placé l'aiguille horaire pour un

jour donné, **cherchez dans le ciel,** vers le méridien, les astres que vous reconnaissez, d'après la carte, devoir passer, ce soir-là, au méridien, à l'heure où vous observez. Cherchez à votre gauche, du côté de l'orient, si vous êtes tourné vers le midi, et à votre droite, si vous êtes tourné vers le nord, les astres que l'Indicateur vous dit n'être pas encore passés au méridien. Cherchez vers la droite, du côté de l'occident, si vous êtes tourné vers le midi, et à gauche, si vous êtes tourné vers le nord, les astres qui ont déjà passé au méridien, à l'heure où vous observez. Tous les astres dont le passage a lieu à une heure antérieure (avant) à celle où vous abservez, ont passé au méridien, et sont par conséquent, vers l'occident. Tous ceux dont le passage est indiqué pour une heure postérieure (après) à celle où vous observez, se trouvent vers l'orient.

30. Si vous vous tournez vers le nord, vous aurez devant vous la partie du ciel qui est toujours visible et qui se trouve, sur notre carte, renfermée dans le cercle autour duquel on lit ces mots : Limite du ciel de perpétuelle apparition. Il faut vous tourner vers le midi, pour voir, devant vous, à votre gauche et à votre droite, les parties du ciel tantôt visibles tantôt invisibles à une même heure, le soir, aux différentes saisons. Cette partie de la sphère alternativement visible et invisible, touche à tous les points de l'horizon, du nord au sud. On suppose ici qu'on observe le ciel le soir. Si on l'observe le matin ou à une heure quelconque de la nuit, on fera toujours comme il est dit ci-dessus.

31. La partie du méridien qui se trouve entre le pôle et le point nord de l'horizon, s'appelle **méridien inférieur.** Celle qui se trouve entre le pôle et le sud de

l'horizon, et c'est la plus grande, s'appelle **méridien supérieur.** Les astres visibles sur notre horizon passent tous au méridien supérieur une fois en 24 heures. Ceux qui sont compris dans le cercle limite du ciel de perpétuelle apparition, passent de plus au méridien inférieur, 12 heures après avoir passé au méridien supérieur.

32. Ce n'est qu'en observant le ciel d'une manière assez suivie et assez persévérante, qu'on parvient à connaître les constellations. Choisissez une heure à laquelle le crépuscule ait complètement disparu, et à laquelle la clarté de la lune n'empêche pas de voir distinctement les étoiles.

33. Quand on a reconnu à l'aide du cercle horaire et du fil, quels sont les astres qui doivent être au méridien à telle heure, il ne faut pas se borner à chercher dans le ciel, seulement ces astres. On peut (nous répétons cette importante indication), chercher vers l'orient les constellations qui sont indiquées à peu près dans le quart de la carte où se trouvent celles qui arriveront au méridien à une heure postérieure à celle de l'observation. On peut aussi chercher vers l'occident, celles qui se trouvent à peu près dans le quart de la carte occupé par celles qui ont déjà passé au méridien à une heure antérieure à celle de l'observation. Dites-vous encore que la partie du ciel comprise dans le **cercle de perpétuelle apparition,** est toujours visible; car les constellations qui l'occupent, ne disparaissent jamais de dessus l'horizon. Vous serez ainsi amené à reconnaître à l'aide de l'Indicateur, presque toutes les constellations visibles à une heure donnée. Nous parlerons bientôt d'un horizon mobile qu'on adapte à volonté à l'Indicateur, et qui détermine exactement la partie du ciel visible dans un moment

donné, sur l'horizon d'un lieu de 45 degrés environ de latitude boréale. C'est le seul moyen de ne pas tâtonner dans ses observations.

34. En observant ainsi le ciel trois fois par mois, je suppose, vous aurez vu passer devant vous toutes les constellations visibles dans nos contrées. Vous aurez vu chacune d'elles dans des positions graduellement différentes, ce qui vous mène à connaître le mouvement annuel du ciel. Vous constaterez aussi le mouvement diurne du ciel, si quelquefois, profitant d'une belle nuit, vous l'observez à deux, trois ou quatre heures d'intervalle, ou mieux encore le soir, puis le lendemain matin, une heure ou deux avant le lever du soleil. Les déplacements que vous remarquerez alors dans la position des astres par rapport à l'horizon, vous donneront une idée du mouvement diurne.

35. L'Indicateur fait aussi connaître les **mouvements de la terre, et les mouvements apparents du ciel et du soleil** qui en sont les conséquences. Au centre du cercle horaire, est une image **du soleil.** Sur un des rayons de ce même cercle, est **la terre,** représentée par un petit rond de carton. On y voit deux lignes droites qui se croisent. Aux deux extrémités de l'une sont les lettres N. S. (nord, sud); aux extrémités de l'autre, les lettres E. O. (est, ouest). Le plan où ces lignes sont tracées, est l'horizon, avec les 4 points cardinaux. Supposez-vous placé au point d'intersection des lignes, et faites tourner, avec le doigt ou avec la pointe d'une épingle, le rond de la terre, sur le fil qui l'attache au cercle horaire, et cela, dans le sens des flèches marquées sur ce petit rond ; vous représenterez ainsi le mouvement de rotation diurne du globe terrestre. Dans la

position que nous vous avons dit plus haut de prendre par la pensée, sur cette image de la terre, vous passerez successivement devant les diverses parties de la carte. Quand vous serez tourné du côté du soleil, vous aurez le jour, et vous aurez midi, quand vous passerez juste devant lui. Quand vous serez du côté opposé au soleil, vous aurez la nuit, et minuit, quand vous serez juste devant le nombre 12 qui répond à minuit; répétez cette petite opération, pour en prendre une idée exacte. C'est le mouvement réel de rotation de la terre, auquel nous devons le jour et la nuit, avec une vitesse qui fait parcourir près de 400 lieues en une heure à un point situé sur l'équateur, et près de 288, à un point situé sur le 45me degré, distance moyenne des pôles à l'équateur.

36. Mais comme nous tournons avec le globe, nous ne sentons pas que c'est le globe et nous qui tournons. Nous voyons défiler devant nous le soleil, pendant le jour, les étoiles et les autres astres pendant la nuit, et il nous semble que c'est le ciel qui tourne avec tous ses astres autour de la terre, en 24 heures environ. Ce mouvement diurne du ciel est donc apparent et l'effet du mouvement réel de la terre; il se fait en sens inverse de la rotation de la terre, comme l'indiquent les flèches dessinées sur la carte et qui ont une direction opposée à celle des flèches que porte la terre. La terre tourne réellement d'occident en orient, et elle voit le ciel tourner en apparence, d'orient, où les astres se lèvent, en occident, où ils se couchent.

37. Le temps pendant lequel la terre tourne une fois sur son axe est de 23 h. 56 m.; c'est aussi le temps que les étoiles mettent entre deux passages successifs au méridien. Ce temps est appelé pour cela **jour sidéral.**

Le soleil met un peu plus longtemps entre deux retours successifs au méridien ; ce temps est d'environ 24 heures, plus ou moins quelques secondes, c'est le **jour solaire,** plus long que le jour sidéral, de près de 4 minutes. Nous allons voir à quoi tient cette différence.

38. En même temps que la terre tourne sur elle-même, elle tourne autour du soleil ; on représente ce mouvement à l'aide du cercle horaire. En effet, faites passer successivement la flèche de midi du cercle horaire sur tous les quantièmes des 12 mois du calendrier, et cela, dans le sens des flèches que porte la terre, ce qui répond à l'ordre des mois et des signes, vous aurez représenté la révolution annuelle de la terre autour du soleil. C'est à ce mouvement que nous devons la succession régulière des saisons, comme on le verra plus loin.

39. De même que nous ne sentons pas notre mouvement diurne de rotation, nous ne sentons pas non plus le mouvement qui, en un an, nous fait décrire autour du soleil, avec la terre, une ellipse et presqu'un cercle dont le rayon est à peu près de 37,000,000 de lieues, avec une vitesse d'environ 600,000 lieues par jour. Quelles sont pour la sphère céleste, les conséquences apparentes de ce mouvement réel ? D'abord le soleil semblera se déplacer sur la sphère céleste et se trouver sur un point diamétralement opposé à celui où se trouve la terre sur son orbite. Il décrit le cercle qu'on appelle écliptique, et comme il le parcourt tout entier en un an, il fera environ un degré par jour, 30 degrés ou un signe du zodiaque, par mois. Il passera ainsi successivement du signe du Bélier, par exemple, dans celui du Taureau, puis dans celui des Gémeaux, et ainsi de suite, jusqu'à ce qu'il soit revenu, le 20 mars, au 1er degré du signe du Bélier, sa révolution, ou plutôt

celle de la terre étant achevée, pour recommencer de nouveau.

40. L'heure de midi se déplace sans cesse, et journellement, avec le soleil, et elle entraîne le déplacement progressif et journalier de toutes les autres heures, de sorte que les heures du cercle horaire mobile ne répondent exactement à telles ou telles étoiles qu'un seul jour de l'année. Ce déplacement des heures solaires par rapport aux étoiles, se fait en sens inverse du mouvement diurne apparent du ciel. Les heures solaires vont pour ainsi dire au-devant des étoiles, et ce mouvement fait que les étoiles passent chaque jour au méridien, environ 4 minutes plus tôt que si le soleil et les heures solaires ne s'étaient pas déplacés. Il est facile aussi de voir que cela provient de ce que le jour solaire est d'environ 4 minutes plus long que le jour sidéral. Cette avance pour chaque jour, des passages des étoiles au méridien, fait faire à la sphère céleste un mouvement apparent annuel, d'orient en occident, en vertu duquel chaque étoile revient au méridien 4 minutes en avance sur l'heure du passage précédent. L'avance est d'une heure après quinze jours, de 2 heures en un mois, de 4 heures en deux mois, et de 24 heures, c'est-à-dire d'un tour entier, en une année.

41. Puisque le ciel semble tourner chaque jour et d'un mouvement uniforme, autour de la terre, en 24 heures, nombre rond, en une heure, il passe au méridien la 24ème partie de la sphère céleste, ou 15 degrés de l'équateur et de tous ses parallèles de déclinaison ; en 2 heures, 30 degrés, et ainsi de suite.

42. L'**heure sidérale** est la 24ème partie du jour sidéral ; on en compte 24, à commencer par le point vernal ♈; elles sont marquées en chiffres romains, le long

de l'équateur. Ces heures sont constantes, et ne se déplacent pas comme les heures solaires. Une même étoile répond toujours à la même heure sidérale; tandis que son rapport avec les heures solaires change tous les jours. Les heures sidérales indiquent donc l'ordre constant dans lequel les étoiles passent au méridien; elles ne se rapportent qu'aux étoiles, dont la place sur la sphère est à peu près constante. Les astres tels que la lune, les planètes, les comètes, qui se déplacent sans cesse, ou n'ont pas d'heure sidérale, ou en changent constamment. Ces heures ont le même point de départ que l'ascension droite; elles y correspondent exactement; ainsi, en une heure, il passe au méridien 15° d'ascension droite; en 2 heures, 30°, etc.; de sorte que les astronomes expriment souvent l'ascension droite par l'heure sidérale, et même par les signes, un signe valant 30° ou deux heures sidérales. Les rayons qui partent du calendrier circulaire, ont un rapport direct avec les heures sidérales; ils sont à 7°, 30' les uns des autres, et indiquent des demi-heures sidérales, en même temps qu'ils servent de méridien céleste et qu'ils indiquent l'ascension droite des étoiles. Il est très-utile, pour se familiariser avec la sphère céleste et pour acquérir une idée de la position relative des constellations, dans l'ordre de l'ascension droite, de suivre le mouvement du ciel d'après les heures sidérales, et de les comparer sans cesse avec les heures solaires. Les astronomes ont des montres réglées d'après l'heure sidérale. Comme les 24 heures sidérales embrassent toute la sphère, l'heure sidérale dans un moment donné, est toujours déterminée par les seuls astres qui sont au méridien. Ainsi, quand on dit qu'il est, par exemple, 10 heures sidérales, cela veut dire que les astres du 150me degré d'ascension droite sont au méridien.

43. La mobilité des heures solaires, la fixité des heures sidérales, forment comme deux systèmes horaires superposés, l'un, tableau mobile, sur le fond fixe de l'autre. Les anciens, qui n'avaient pas, comme nous, la ressource des calendriers imprimés et pour cela très-répandus, non plus que celle des horloges et des montres, connaissaient mieux que nous la sphère et ses rapports avec les heures, les jours et les saisons. L'ensemble de leurs observations sur les levers et les couchers héliaques, acronyques et cosmiques, formaient comme un calendrier sidéral qu'ils mettaient sans cesse en rapport avec le calendrier usuel et solaire.

44. La différence du jour sidéral et du jour solaire s'explique facilement. Si la terre, au lieu de tourner autour du soleil était fixe en un point, le jour solaire serait égal au jour sidéral, parce que un point donné de la surface terrestre reviendrait juste après une rotation, en face du soleil à midi. Mais comme, par suite du déplacement journalier de la terre sur son orbite, le soleil avance sur l'écliptique d'environ un degré chaque jour, il faut que ce point fasse un peu de la rotation suivante pour avoir midi, c'est-à-dire pour se trouver juste en face du soleil qui s'est déplacé vers l'orient. On voit donc que le jour solaire se compose des 23 heures 56' de la rotation de la terre, plus d'environ 4 minutes de la rotation qui recommence. Chaque jour, un point de la terre fait ainsi un peu plus d'une rotation, pour arriver à midi. Comme ce surplus vaut environ 4 minutes en temps, cela fait 24 heures en un an ; ce qui signifie que pendant l'année solaire, composée de 365 jours solaires, la terre fait **366 rotations**, et qu'il y a 366 jours sidéraux. Les heures solaires sont de dix secondes environ, plus longues que les heures sidérales.

45. De leur côté, les jours solaires qui se mesurent par le retour successif du soleil au méridien, ne sont pas égaux entr'eux; ils sont tantôt plus grands, tantôt moindres que 24 heures, de quelques secondes. Comme ces secondes en plus ou en moins de 24 heures, s'accumulent pendant la suite assez longue de jours que dure l'avance ou le retard du midi solaire, il arrive que le soleil, dans certains temps de l'année, peut passer au méridien, 14, 15 ou 16 minutes avant ou après le midi moyen (juste 24 heures). Le **temps vrai** est le temps qui s'écoule entre deux passages successifs du soleil au méridien; il est variable. Le **temps moyen** est une durée juste de 24 heures; il est constant et invariable. Les annuaires donnent l'heure en temps moyen au midi vrai, c'est-à-dire l'heure que doit marquer une bonne montre en temps moyen, quand le soleil passe juste au méridien et quand le midi vrai a lieu. Les cadrans solaires ont aussi une méridienne du temps moyen en forme d'un 8 allongé. Les différences qu'il y a pour midi, sont les mêmes, un jour donné, pour toutes les autres heures. C'est pour cela qu'au mois de février, par exemple, les heures en temps vrai ayant un retard assez considérable sur les heures en temps moyen, les jours paraissent grandir beaucoup plus le soir que le matin.

46. Deux causes contribuent à la différence du temps vrai et du temps moyen : 1° l'inégalité des petits arcs de l'écliptique parcourus en un jour par le soleil, inégalité qui provient de celle même du mouvement de la terre sur son orbite; 2° le plus ou moins d'obliquité de ces petits arcs, beaucoup plus obliques vers les équinoxes que vers les solstices. Quand les arcs diurnes du soleil sont petits et obliques, le temps vrai est moindre que 24 heures;

il est plus grand, si les arcs sont plus grands et moins obliques. Dans le premier cas, le temps qu'un point de la terre doit mettre de plus qu'une rotation entière, pour arriver à midi, juste en face du soleil, est de quelques secondes moindre que 24 heures ; dans le second cas, il dépasse 24 heures de quelques secondes.

CHAPITRE III.

Annexes à l'Indicateur : horizon mobile; cadran astronomique.

47. **L'horizon mobile** est destiné à indiquer les parties du ciel qui sont au-dessus de l'horizon, à un moment donné d'un jour quelconque. Quand il est placé comme on va le dire, tout ce qui est en dedans de lui, à une heure donnée du cercle horaire, est au-dessus de l'horizon, en ce moment ; et tout ce qui est en dehors du cercle mobile, n'est pas visible au-dessus de l'horizon. Les parties du ciel visibles sur l'horizon, changent selon la latitude des lieux pris sur la terre. L'horizon que nous avons représenté par une ellipse, à raison de la disposition générale de notre carte céleste, se rapporte à des lieux dont la latitude boréale est comprise entre 44 et 45°. Comme l'état du ciel ne change très-sensiblement que pour des latitudes assez différentes, les indications données par notre horizon mobile, peuvent être appliquées à des lieux dont la latitude boréale serait comprise, par exemple, entre 41 et 48°. On verra ci-dessous comment on peut encore lui demander des indications pour des latitudes très-différentes.

48. La bande de carton qui va du nord au sud, est le méridien divisé pour une latitude de 44° et demi. Il porte les degrés de déclinaison. Remarquez le pôle à 90°, et le zénith vers 45°.

49. Les nombres que l'horizon mobile porte sur ses bords, indique, du côté de l'est, à combien d'heures avant leur passage au méridien, se lèvent les astres qui, dans le mouvement de l'horizon, touchent ce cercle à ses différents points, de ce côté. Les nombres correspondants du côté de l'ouest, indiquent combien d'heures après leur passage au méridien, se couchent les astres qui disparaissent de son plan par ses divers points de ce côté. Ainsi par exemple : les astres qui entrent dans le plan de l'horizon mobile par le point où est marqué 9, restent visibles sur l'horizon neuf heures avant leur passage au méridien et neuf heures encore après ce passage. Ceux qui entrent dans le plan de l'horizon par le point marqué 2, sont visibles deux heures avant leur passage au méridien, et deux heures après. Les divisions horaires intermédiaires indiquent des demi-heures (1).

50. Voici comment il faut **placer l'horizon mobile** pour s'en servir. Posez d'abord la carte sur un plan horizontal ou incliné, passez le fil tenant au cercle horaire, par le **petit trou** que porte le méridien de l'horizon au pôle et amenez cet horizon sur le cercle horaire. Placez l'aiguille horaire sur le quantième du jour où vous êtes, ou du jour auquel vous rapportez l'opération. L'horizon mobile, dans cette position, vous indiquera l'état

(1) Des nécessités d'impression nous ont obligé à ôter un peu du bord extérieur. Le bord intérieur a été doublé. Ne considérez comme bord intérieur que la ligne sur laquelle sont portés les divisions horaires et les degrés.

du ciel à l'heure par laquelle passe son méridien sur le cercle horaire. Un **petit trou oblong** est pratiqué dans le méridien pour qu'on voie mieux l'heure. Quand vous voulez faire tourner l'horizon mobile, tenez le fil un peu tendu dans la main, près du cercle horaire, posez un doigt de la même main sur le cercle horaire, pour l'empêcher de se déranger, à moins qu'il ne soit fixé par une petite boulette de cire blanche, comme il a été dit plus haut; faites tourner l'horizon dans le sens des flèches qu'il porte, vous verrez des astres entrer dans son plan, à l'est, d'autres passer au méridien, d'autres disparaître à l'ouest. Le point nord de l'horizon mobile effleure extérieurement le **cercle limite du ciel de perpétuelle apparition,** et, dans le mouvement de l'horizon, les astres que contient cette partie du ciel toujours visible sur l'horizon d'environ 45°, prennent par rapport à lui, toutes les dispositions possibles, qui répondent à leur mouvement diurne, et à leur double passage au méridien.

51. Dans quelque position que vous arrêtiez ou que vous placiez l'horizon mobile, il vous indiquera toujours l'état du ciel, à l'heure que vous verrez par le trou oblong du méridien, sur le cercle horaire. Ayez soin que pendant le mouvement de l'horizon, le cercle horaire ne se dérange pas, et ramenez-le à sa position voulue, si cela arrive.

52. A partir du point *Est* de l'horizon, sont indiqués, de cinq en cinq, 90° vers le nord, et 90° vers le sud; de même du côté de l'*Ouest.* Ces divisions servent à trouver de combien de degrés un astre s'écarte de l'est, en se levant, et de l'ouest en se couchant, au nord ou au sud. La quantité dont le lever d'un astre s'écarte de l'*est,* est son **amplitude ortive**, et celle dont son coucher s'écarte de l'*ouest*, est son **amplitude occase.** Cette indication suffit; l'usage et le mouvement de l'horizon feront voir très-clairement ces amplitudes.

53. Vous pouvez ainsi déterminer d'une manière plus précise et plus complète, quel est l'état du ciel à une heure donnée et un jour donné, quelles sont les constellations qui se lèvent à cette heure, celles qui se couchent, celles qui sont au méridien, quelles hauteurs au-dessus de l'horizon prennent les différentes constellations, à quelle hauteur elles arrivent dans leur passage au méridien, selon leurs diverses déclinaisons, près du pôle, près du zénith, près de l'équateur céleste, etc. Il vous sera alors très-facile de reconnaître ces constellations dans le ciel, sachant non-seulement qu'elles sont visibles à telle heure, mais encore où elles se trouvent au-dessus de l'horizon; vous n'aurez plus à tâtonner, à hésiter, vous pourrez aller *lire* avec assurance sur la sphère céleste.

Vous suivrez à l'aide de ce même horizon mobile, les changements d'aspect du ciel *chaque mois*, et selon les *saisons*. Vous verrez comment, et vous comprendrez pourquoi, telle partie du ciel qui est sur l'horizon aujourd'hui, n'y sera plus dans un mois, dans une autre saison. Cette pièce vous servira donc à préciser les diverses phases du mouvement diurne du ciel et du mouvement annuel.

54. Observation. Le même horizon peut servir pour donner des indications sur l'état du ciel, à une heure quelconque d'un jour donné, pour des latitudes notablement plus grandes ou moindres que celles pour lesquelles il a été fait; seulement, ces indications seront moins complètes et moins exactes. Pour cela, sur l'Indicateur même

et sur son rayon qui, tiré du pôle, passe par E. P. et est divisé en 90 degrés, il faut, à partir du pôle, compter autant de degrés qu'il y en a dans la latitude donnée, puis prendre le même nombre de degrés sur le méridien de l'horizon mobile, à partir du point nord, enfin placer sur le pôle de la carte et sur le nœud du cercle horaire, le point du méridien de l'horizon, où s'arrête le nombre de degrés pris pour exprimer la latitude. Cela fait, opérez comme ci-dessus, pour trouver l'état du ciel à une heure donnée d'un jour donné. Seulement, si vous ne voulez pas cribler de trous le méridien de l'horizon, contentez-vous de mettre sur le pôle de la carte, le point du méridien où doit se trouver le pôle selon la latitude, et fixez ce point du méridien sur la carte, en appuyant un doigt dessus ; de l'autre main, faites, comme ci-dessus, tourner l'horizon, ou mettez-le successivement dans les diverses positions correspondantes aux heures.

Plus la latitude donnée se rapprochera du zéro ou de 90°, plus la forme ovale de l'horizon ainsi que le plan de la carte, pour les latitudes près du zéro, contribuera à vous donner des indications peu exactes ; vous pourrez seulement prendre une idée approchée des changements d'aspect du ciel, selon la latitude.

On pourrait avoir pour des **latitudes diverses**, de dix en dix degrés, par exemple, des horizons mobiles dont la construction et les divisions seraient conformes à celles du nôtre, mais modifiées pour donner les indications plus exactes et plus complètes, selon les latitudes.

55. Cette pièce de l'horizon mobile, dont l'usage est aussi important qu'intéressant et facile, n'a pu ni dû être fixée à l'indicateur. C'est une annexe ou accessoire qu'on met et qu'on ôte à volonté.

Avec l'horizon mobile, son méridien et le cercle horaire, l'Indicateur porte toutes les pièces qu'ont les globes ordinaires, et peut donner en grande partie les mêmes indications, surtout les plus essentielles. D'autre part, avec le soleil et la terre mobile en deux sens, la carte céleste porte avec elle, l'explication des mouvements réels et des mouvements apparents. Ajoutez encore les notions utiles et curieuses tirées des figures de cosmographie placées en tête de la carte, et les explications détaillées qui seront publiées plus tard et dont celles-ci ne sont qu'un abrégé, et vous reconnaîtrez les avantages notables et multiples qu'on peut retirer de l'étude de cette carte.

Les maîtres trouveront dans l'Indicateur, dans ses pièces mobiles et dans les figures de cosmographie, des sujets riches et variés d'enseignement.

56. Le **cadran astronomique** est la seconde pièce annexée à l'indicateur auquel il ne s'adapte pas, mais qu'il complète par ses différents usages. Sur un pied d'une hauteur suffisante et d'une forme arbitraire, s'élève une tige métallique qui supporte un appareil mécanique, composé de quelques pièces seulement, et propre à faire de l'instrument un cadran solaire, lunaire, planétaire et sidéral, c'est-à-dire capable d'indiquer l'heure à l'aide du soleil, de la lune, des planètes et des étoiles.

L'Indicateur fait connaître les heures auxquelles les étoiles les plus remarquables passent chaque jour au méridien. Des annuaires ou des tables spéciales et assez connues, indiquent les heures du passage au méridien, de la lune et des planètes, pour chaque jour. Il suffit de connaître par ces moyens l'heure à laquelle un astre passe au méridien, pour trouver l'heure qu'il est, à un moment donné de la nuit ou du jour, à l'aide du cadran astronomique, instrument commode, peu volumineux et portatif, qu'on peut mettre partout où l'on peut observer le ciel, sur une terrasse, sur une fenêtre, à la seule condition de l'orienter convenablement. On peut le mettre et l'ôter à volonté dans les diverses places qu'on lui aura données, pourvu qu'à l'aide de points de repère, on le remette toujours dans la position qu'il doit avoir dans le plan du méridien.

57. Voici ses principaux usages : 1° il sert d'**instrument d'observation** astronomique, pour suivre les mouvements du ciel journaliers et annuels, pour constater la position des astres, leur déclinaison, leur ascension droite, les points où ils se lèvent, où ils se couchent, leur hauteur et surtout la hauteur méridienne. 2° il sert à **trouver l'heure** qu'il est, **la nuit et le jour,** quand on sait à quelle heure un astre passe au méridien, et réciproquement à trouver l'heure du passage d'un astre au méridien, sachant l'heure qu'il est, et la distance de cet astre au méridien, soit d'un côté, soit de l'autre.

58. La construction de ce cadran est telle qu'il n'est pas nécessaire que le soleil et la lune envoient une lumière sensible sur l'instrument ; il suffit qu'on aperçoive assez distinctement *la place* où sont les astres, quoique cachés par des nuages, ce que ne feraient pas les cadrans ordinaires. Comme cadran, cet appareil donne clairement et exactement toutes les indications horaires possibles, le jour et la nuit ; comme instrument cosmographique, il sert à une foule d'applications des principes de la science.

CHAPITRE IV.

Explication abrégée des figures de cosmographie qui sont en tête de l'Indicateur. Figure 3.

59. Les figures 3 et 4 ayant le plus de rapport avec l'Indicateur, c'est d'elles qu'on va parler d'abord. La figure 3 s'explique presque d'elle-même; elle est destinée à donner une idée des mouvements de la terre, plus complète que celle que peut en donner la terre mobile fixée au cercle horaire. On y voit **la terre dans huit positions différentes** sur son orbite, avec son axe incliné qui reste parallèle à lui-même et fait que, comme par rapport à la sphère céleste, les dimensions de l'orbite terrestre sont presque nulles, le pôle paraît toujours répondre au même point de cette sphère. On y voit surtout comment la terre reçoit les rayons du soleil aux diverses saisons. Aux deux équinoxes (positions de la terre représentées par celles où les cônes d'ombre sont tronqués par le bord de la carte et par son encadrement), le rayon solaire tombe sur l'équateur et la ligne d'ombre va d'un pôle à l'autre. Au solstice d'été (position de la terre entre le Capricorne et le Sagittaire), le rayon solaire arrive à 23° 28' au nord de l'équateur, et alors la ligne d'ombre laisse à découvert les contrées circompolaires boréales jusqu'au cercle polaire. Au solstice d'hiver (position de la terre entre les Gémeaux et le Cancer), la ligne d'ombre couvre, jusqu'au cercle polaire, la région boréale et le rayon solaire arrive à 23° 28' au sud de l'équateur. On comprendra aisément que dans les posi-

tions intermédiaires de la terre, la ligne d'ombre et le rayon solaire sont eux-mêmes avec la terre, dans des rapports qui les rapprochent ou les éloignent des états mentionnés ci-dessus.

60. Les **flèches** dessinées dans la figure indiquent le sens du mouvement diurne ou de rotation, et du mouvement de révolution annuelle de la terre, d'occident en orient.

La terre est toujours dans la partie de son orbite, opposée à celle où elle voit le soleil sur l'écliptique.

61. Le **cône d'ombre** qui s'étend à bien plus de 100,000 lieues de la terre, fait un tour en un an, autour du globe, en même temps qu'autour du soleil. C'est son déplacement qui produit en quelque sorte, le jour et la nuit de la 366me rotation de la terre dont on a parlé plus haut.

La figure 3 montre la terre au **périhélie,** plus près du soleil d'environ 500,000 lieues, dans les premiers jours de janvier, et à l'**aphélie,** au commencement de juillet.

CHAPITRE V.

Explication de la figure 4. Première partie.

62. Cette figure représente le globe terrestre avec son axe incliné de 23° 28'. Les degrés de latitude boréale et australe sont indiqués par des divisions, de cinq en cinq, et marqués de quinze en quinze, par des nombres. Le cercle extérieur représente la sphère céleste dont il est

un méridien. La déclinaison boréale et australe est aussi indiquée de cinq en cinq degrés par des divisions, et de quinze en quinze par des nombres. Autour de ce cercle, les noms de quelques constellations sont placés à peu près selon leur déclinaison.

63. Les **lignes ponctuées** représentent d'abord l'écliptique, puis quelques parallèles à l'équateur, que le rayon solaire vertical semble décrire sur la terre, selon les points de l'écliptique où se trouve le soleil, et selon sa déclinaison boréale ou australe.

64. Cette figure fait voir que l'écliptique et l'équateur font entr'eux un angle de 23° 28', égal à l'inclinaison de l'axe de la terre, dont il est une conséquence directe. Dès lors, le soleil en parcourant l'écliptique, doit s'élever en déclinaison, jusqu'à 23° 28', au nord de l'équateur, au solstice d'été, et le rayon solaire qui arrive perpendiculairement sur la terre, décrit, ce jour-là, le tropique du Cancer. Le soleil doit aussi, toujours en parcourant l'écliptique, s'abaisser de 23° 28', au sud de l'équateur, au solstice d'hiver, et son rayon qui arrive perpendiculairement sur la terre, décrit, ce jour là, le tropique du Capricorne. A égale distance des solstices, le soleil est sur l'équateur, aux équinoxes de printemps et d'automne. Les contrées du globe comprises entre les deux tropiques, sont celles où, à des époques fixes de l'année, le soleil est perpendiculaire, c'est-à-dire au zénith même, à midi, sur tout un parallèle de latitude. Il dépasse même le zénith, du côté du pôle ; c'est la zone torride.

65. La figure 4 doit nous faire comprendre la **projection de l'écliptique** sur la carte céleste de l'Indicateur. On voit en effet l'écliptique couper l'équateur en deux points opposés ♈ et ♎ ; puis s'en écarter, dans

l'hémisphère boréale, au-dessus, dans l'hémisphère australe, au-dessous, jusqu'à la limite de 23° 28', aux deux points opposés ♋ et ♑ ; c'est ce qu'on appelle l'obliquité de l'écliptique, effet égal à sa cause, l'inclinaison de l'axe de la terre, et variant comme elle.

66. La figure 4 doit nous donner aussi une idée de l'**horizon,** par rapport à la sphère céleste, **selon les latitudes.** L'horizon **visuel** est cette partie de la surface terrestre que notre œil peut embrasser. A cause de l'excessive distance des corps célestes, nous voyons le ciel comme si notre horizon, au lieu d'être un plan tangent à la surface du globe, passait par le centre de ce globe ; cet horizon fictif est l'horizon **rationnel** et le seul que nous considérions ici.

67. La figure 4 présente **sept horizons différents,** à sept latitudes boréales différentes. Au centre de la figure, et sur chaque horizon, s'élève une perpendiculaire ou verticale qui aboutit à la sphère céleste, pour marquer le **zénith.** Ainsi chaque horizon est représenté par deux lignes, l'une qui est un diamètre de la sphère terrestre et céleste tout à la fois, et l'autre qui n'en est qu'un rayon. Le **nord** de l'horizon est dans l'hémisphère boréal, le **sud,** dans l'hémisphère austral.

68. Diverses indications se tirent des horizons de la figure 4 : 1° La partie de la sphère céleste comprise entre le pôle boréal et chacun des horizons 1, 2, 3, 7, 4, est toujours visible et entièrement découverte respectivement par chacun d'eux, on l'appelle **ciel de perpétuelle apparition.** 2° la partie de la sphère céleste comprise entre le pôle austral et les points de l'horizon marqués n° 1, n° 2, n° 3, n° 7, n° 4, est invisible pour chacun d'eux respectivement, n'étant jamais découverte par eux,

c'est le **ciel de perpétuelle occultation.** 3° la partie de la sphère céleste qui, d'un côté, va depuis hor. 1, hor. 2, hor. 3, hor. 7, hor. 4, jusqu'à l'équateur, dans l'hémisphère céleste boréal, et de l'autre, depuis n° 1, n° 2, n° 3, n° 7, n° 4, jusqu'à l'équateur, dans l'hémisphère céleste austral, est celle dont les astres paraissent et disparaissent se lèvent et se couchent alternativement sur l'horizon ; c'est le **ciel d'apparition alternative.**

69. Le cercle extérieur étant considéré comme le **méridien** de chacun de ces horizons, ce cercle est divisé au-dessus d'eux, en **4 parties** qui méritent d'être remarquées ; 1° du nord de l'horizon au pôle, ou hauteur du pôle, au-dessus de l'horizon, toujours égale à la latitude ; 2° du pôle au zénith, ou distance du zénith au pôle, égale au complément de la latitude, c'est-à-dire à ce qu'il faut ajouter à la latitude pour avoir 90° ; 3° du zénith à l'équateur, ou distance du zénith à l'équateur, égale à la latitude ; 4° de l'équateur au point sud de l'horizon, ou hauteur méridienne de l'équateur, égale au complément de la latitude.

Le **zénith** est toujours sur le parallèle de déclinaison qui répond à la latitude. Ainsi l'horizon 1 est pour une latitude boréale de 15°, et son zénith est sur le 15me degré de déclinaison boréale. L'horizon 2 est pour une latitude boréale de 35°, et son zénith est sur le 35me parallèle de déclinaison boréale. Il en est de même pour les autres.

Il y a toujours une moitié entière ou 180° du méridien au-dessus de l'horizon et autant au-dessous. Il est bon de remarquer aussi comment le demi-méridien qui est au-dessus de l'horizon, est divisé par le zénith en deux grandes parties de 90°. Chacune de ces parties renferme deux des quatre divisions dont on a parlé ci-dessus : 1° du zénith au pôle et du pôle au nord de l'horizon ; 2° du zénith à l'équateur et de l'équateur au sud de l'horizon.

Remarquez que pour les latitudes comprises entre 0 et 45°, le zénith est plus rapproché de l'équateur que du pôle, et que c'est le contraire pour les latitudes entre 45 et 90°.

Les **cercles horaires** sont de grands cercles qui passent par les pôles et sont perpendiculaires à l'équateur. Ils coupent l'horizon en divers points, avec une obliquité qui dépend de la latitude, mais dans un autre sens que les parallèles de déclinaison, car elle fait faire aux cercles horaires avec l'horizon, un angle qui ressemble à celui que l'axe du monde fait avec l'horizon. Ils répondent aux diverses distances horaires du soleil et des autres astres, aux différents instants de leur révolution diurne, avant et après leur passage au méridien. C'est au méridien que sont rapportées ces distances. Nous n'en dirons pas davantage ici. Nous renvoyons à notre explication complète pour ce sujet et pour ce qui concerne les cercles qui, perpendiculaires ou parallèles à l'horizon, sont rapportés à ce dernier et au zénith.

L'horizon 7, est, sur la figure, dans le plan même de l'écliptique, et son zénith est sur le cercle polaire arctique céleste. Il répond à la latitude boréale terrestre de 23° 28'.

70. L'horizon n° 5 passe par l'axe de la terre et du monde, et par les pôles mêmes ; son zénith est sur l'équateur céleste. Il appartient à la latitude zéro de l'équateur terrestre. Sur cet horizon, tous les parallèles célestes sont perpendiculaires ; c'est la **sphère droite**. Il n'y a ni ciel de perpétuelle apparition, ni ciel de perpétuelle

occultation; tout est ciel d'apparition alternative, et les parallèles célestes sont tous coupés en deux parties égales.

71. L'horizon n° 6 est dans le plan même de l'équateur; son zénith est au pôle boréal; il appartient à la latitude polaire boréale de 90°. Tout l'hémisphère céleste boréal est de perpétuelle apparition; tout l'hémisphère austral est de perpétuelle occultation, et il n'y a pas de ciel d'apparition alternative. Les parallèles de déclinaison ne touchent pas l'horizon, ils lui sont parallèles, et les astres décrivent des cercles parallèles à l'horizon; c'est la **sphère parallèle.**

72. Pour les horizons 1, 2, 3, 7, 4, l'équateur céleste et ses parallèles, sont obliques, c'est-à-dire penchés vers le sud de l'horizon, en raison directe de la latitude; c'est la **sphère oblique,** comprise entre 0 et 90° de latitude.

Tous ces horizons, il faut se les représenter comme des cercles qui tournent avec la terre, pendant la rotation, et au-dessus desquels la sphère céleste semble prendre toutes les positions qui répondent à telle latitude, à telle saison, à tel mois, à tel jour, à telle heure.

CHAPITRE VI.

Indications tirées de la latitude et de la longitude.
Deuxième partie des explications de la fig. 1.

Nous allons indiquer sommairement quelles sont ces diverses indications.

73. La **latitude** d'un lieu est sa distance à l'équateur, en ligne droite, et dans le sens d'un méridien. Elle

se compte par 90 degrés dans chacun des deux hémisphères, et se marque sur un méridien.

74. La **longitude** est, en ligne directe et dans le sens des parallèles de latitude, la distance d'un lieu à un premier méridien, celui de Paris, par exemple. Elle divise le globe en deux hémisphères, l'un oriental, et l'autre occidental, qui renferment chacun 180°. La longitude se compte à l'orient et à l'occident du premier méridien; elle exprime donc la distance orientale ou occidentale des points de la terre par rapport à ce premier méridien; Elle se marque sur l'équateur; ainsi, les divisions de l'équateur (fig. 4) de 15 en 15°, indiquent la longitude. Si l'on se reporte à la figure 3, pour voir dans quel sens la terre tourne, et si l'on prend pour premier méridien celui qui termine le globe terrestre sur la figure 4; si, en outre, on suppose Paris vers le 48me degré, près du zénith 3 ; on reconnaîtra que c'est l'hémisphère occidental que l'on a devant soi, et que l'hémisphère oriental serait derrière la figure 4 continuée pour former le globe entier.

La latitude et la longitude combinées servent à marquer la position relative des points de la surface du globe. Les navigateurs ont des moyens de trouver la latitude et la longitude, et de reconnaître par elles sur quel point de la mer et du globe ils se trouvent, dans un moment donné.

La figure 4 porte différents **parallèles de latitude** dans les deux hémisphères, et des **méridiens**, *marquant* la longitude occidentale.

On tire de la latitude trois sortes d'indications :

75. 1° **Les indications géographiques :** 1° l'**hémisphère**, selon que la latitude est boréale ou australe. 2° la **zone.** Les zones sont de larges bandes de

la surface terrestre, parallèles à l'équateur. La zone torride comprend environ 47°, dont 23 degrés et demi au nord, et autant au sud de l'équateur. Les deux zones tempérées, dans chacun des deux hémisphères, vont de 23° 28' (tropiques) jusqu'à 66° 32' (cercles polaires). Les deux zones glaciales vont de 66° 32' à 90°, c'est-à-dire à chacun des deux pôles. Cela posé, la latitude d'un lieu étant connue, il est facile de dire dans quelle zone il est, et quelles particularités géographiques, astronomiques et physiques s'y rapportent. 3° les **climats.** Ce sont de petites zones d'une largeur fort inégale, parallèles à l'équateur, et rapportées à la latitude. Ils indiquent surtout les différences, non-seulement dans la longueur des jours et des nuits, aux solstices, mais encore pour tous les jours de l'année. Ces différences sont exactement proportionnelles à la latitude, pour tous les jours, excepté pour les deux équinoxes, où, sur toute la terre, les jours et les nuits sont de douze heures. Nous ne saurions ici entrer dans les développements nécessaires pour faire voir les intéressantes indications à tirer de la division du globe par climats. On les trouvera dans la prochaine publication où nous devons donner des explications plus détaillées sur tout ce qui concerne l'Indicateur. Du reste, on peut chercher dans un traité de cosmographie ou de géographie, la liste des climats d'heure et de mois. Avec cette liste, on peut trouver à quel climat appartient un lieu dont la latitude est donnée.

76. 2° **Indications astronomiques.** Nous en avons déjà fait connaître quelques-unes : 1° la hauteur du pôle sur l'horizon d'un lieu quelconque, égale à la latitude de ce lieu; 2° la distance du zénith au pôle, égale au complément de la latitude; 3° la distance du zénith à

l'équateur, égale à la latitude ; 4° la hauteur méridienne de l'équateur, égale au complément de la latitude ; ce sont les quatre grandes divisions du méridien au-dessus de tout horizon.

77. Observations. — 1° L'horizon fait avec l'axe du monde deux angles, l'un au-dessus et l'autre au-dessous de lui ; ils sont opposés au sommet qui est au centre de la sphère, et égaux ; ils ont pour mesure la latitude ; c'est là le premier principe de toute la gnomonique, qui est l'art de tracer les cadrans solaires où l'axe du monde est représenté par le style dont l'ombre passe successivement par les divers plans horaires. 2° L'horizon fait avec l'équateur céleste deux angles, l'un au-dessus, l'autre au-dessous de lui, opposés au sommet placé au centre de la sphère, et égaux ; ils ont pour mesure le complément de la latitude. L'angle fait par l'horizon et l'axe du monde ou celui qu'il fait avec l'équateur, peuvent également être pris pour mesure de l'obliquité de la sphère sur un horizon quelconque. On prend de préférence le dernier, et c'est de lui que sont empruntées les expressions de sphère droite, sphère oblique, sphère parallèle, expliquées plus haut.

3° Voyez comme l'horizon s'abaisse sous le pôle, au nord, et se rapproche de l'équateur, au sud ; comment le pôle se rapproche du zénith ; comment le ciel d'apparition alternative diminue, et comment ceux de perpétuelle apparition et de perpétuelle occultation, augmentent à mesure qu'on se rapproche du pôle.

4° Le ciel d'apparition alternative se compose de deux parties, l'une boréale, au nord de l'équateur, l'autre australe, au sud. Dans chacune de ces parties, il y a un nombre de parallèles de déclinaison, égal au complément de la latitude. Les parallèles septentrionaux touchent l'horizon, depuis l'est, d'un côté, et depuis l'ouest, de l'autre, jusqu'au point nord. Les parallèles de l'hémisphère austral, touchent l'horizon, depuis l'est, d'un côté, et depuis l'ouest, de l'autre, jusqu'au point sud. On se rappelle que de l'est et de l'ouest, au nord et au sud, on compte sur l'horizon, 6 heures ou 90°, dans chaque quart de ce cercle. A l'aide d'une figure toute faite, ou d'un procédé fort simple pour la faire, mais que nous nous contentons de mentionner ici, et que l'on trouvera plus longuement indiqué dans le volume des explications détaillées, on détermine à quels points l'horizon coupe les parallèles à l'équateur céleste, qui, dans chaque hémisphère, composent le ciel d'apparition alternative, selon la latitude d'un lieu donné. On détermine ainsi les amplitudes ortives et occases des astres du ciel d'apparition alternative, selon le parallèle boréal ou austral sur lequel ils sont. C'est en grande partie à l'aide de ces amplitudes, des diverses hauteurs méridiennes et de l'obliquité de la sphère répondant à la latitude, que l'on établit l'état de la sphère céleste sur l'horizon d'un lieu donné et à une latitude donnée. (En voir des exemples, § 87 à 90).

Au reste, pour établir la sphère céleste telle qu'elle est sur l'horizon d'un lieu d'une latitude donnée, les divisions du méridien de ce lieu par le pôle, le zénith et l'équateur pourraient suffire. Si nous entrons dans plus de détails et si nous admettons plus de données, c'est afin que l'esprit et l'imagination aient plus de facilité de se représenter les divers aspects de la sphère céleste, selon la latitude des lieux. On réunit ainsi plus d'éléments pour ce travail intellectuel qui ne manque pas d'intérêt.

78. La **hauteur méridienne du soleil** est, aux deux équinoxes, égale à celle de l'équateur ou au complément de la latitude. Il faut ajouter 23° 28', pour avoir celle du soleil au solstice d'été, et les retrancher pour le solstice d'hiver. En parcourant l'écliptique, le soleil prend chaque jour une déclinaison différente qui le rapproche ou l'éloigne du zénith. Le soleil n'est perpendiculaire à midi que dans la zone torride, ce qui arrive, quand sa déclinaison est égale à la latitude d'un lieu donné dans cette zone. Il dépasse le zénith, quand elle lui est supérieure. Dans la zone tempérée, le soleil n'arrive jamais au zénith, et, dans l'hémisphère boréal, l'ombre à midi, est toujours tournée vers le nord. Dans la zone glaciale, quoique le soleil reste, à certaines époques de l'année, plusieurs jours de suite, et même un ou plusieurs mois entiers, au-dessus de l'horizon, il ne s'élève jamais beaucoup.

Consultez, sur un annuaire ou sur un livre de cosmographie, la table de déclinaison du soleil, pour toute l'année. Pour avoir sa hauteur méridienne, un jour donné, dans notre hémisphère boréal, ajoutez à la hauteur de l'équateur, la déclinaison du soleil pour ce jour là, si elle est boréale, et retranchez-la, si elle est australe.

79. Dans la zone glaciale boréale, les **jours perpétuels** (qui dépassent un certain nombre de fois 24 heures), commencent quand la déclinaison boréale du soleil est égale au complément de la latitude, et les **nuits perpétuelles** commencent, quand la déclinaison australe du soleil est égale à ce même complément de la latitude.

80. La disposition de l'écliptique sur la carte céleste indique le mouvement du soleil en déclinaison. Ainsi, évaluez en degrés de déclinaison, la distance à l'équateur du point de l'écliptique correspondant à tel quantième du

calendrier circulaire, et vous aurez la déclinaison du soleil pour ce jour-là. Il y a une erreur d'impression sur la carte céleste. A partir de la constellation 3 (les Gémeaux), et en suivant par les constellations 4 et 5, jusque vers α de la constellation 6 (la Vierge), supposez que cette partie de l'écliptique est un peu plus rapprochée de l'équateur, et qu'elle passe par les petits traits — qui indiquent cette correction à faire.

Pour nous qui habitons au nord de l'équateur, plus la déclinaison d'un astre est boréale, plus il reste de temps au-dessus de l'horizon ; d'un autre côté, plus la déclinaison d'un astre est australe, moins il reste de temps visible, comme l'indique d'ailleurs très-clairement l'horizon mobile (§ 49 et suivants). La projection de l'écliptique sur la carte céleste, fait bien voir aussi qu'avant et après les équinoxes, où le tracé de l'écliptique est le plus oblique, la déclinaison du soleil, change bien plus sensiblement, chaque jour, que vers les solstices, où cette obliquité est beaucoup moindre et où le tracé de l'écliptique est presque parallèle à l'équateur. C'est ce qui explique pourquoi les jours augmentent ou diminuent rapidement avant et après les équinoxes, tandis qu'ils restent presque stationnaires avant et après les solstices. Les tables de déclinaison du soleil indiquent aussi ces différences.

81. **Nuits crépusculaires.** L'abaissement de l'équateur au-dessous du point nord de l'horizon, est égal au complément de la latitude, comme la figure 4 le fait voir. Or, c'est sous le point nord de l'horizon, que le soleil, à minuit, et les autres astres, à différentes heures, passent au méridien inférieur. Dans les pays dont la latitude est supérieure à 48°, vers le solstice d'été, il y a des nuits crépusculaires, c'est-à-dire des nuits courtes

où le crépuscule et l'aurore se rejoignent, ce qui arrive quand le soleil ne s'abaisse pas, pendant la nuit, au-dessous de 18°; car tant que le soleil n'est pas abaissé de cette quantité sous l'horizon, il donne une clarté crépusculaire. Pour savoir quand commencent les nuits crépusculaires, retranchez la déclinaison du soleil du complément de la latitude, et du jour où le reste de la soustraction sera 18° ou moindre que 18°, les nuits crépusculaires auront lieu; elles finiront, quand le reste de cette soustraction sera supérieure à 18°.

82. **Les oppositions entre l'hémisphère austral et l'hémisphère boréal** sont utiles et curieuses à étudier. Dans l'hémisphère austral, les saisons, les longueurs des jours et des nuits, la direction des ombres etc., sont opposées à celles de notre hémisphère boréal. Les mois de juin, juillet et août, sont les mois d'hiver. Le pôle s'élève vers le sud de l'horizon; le soleil passe au méridien vers le nord, et quand on est tourné du côté de cet astre, à midi, on a à droite ce que nous avons à gauche, et réciproquement. Deux personnes qui, dans chacune des deux zones tempérées, observeraient en même temps le soleil à midi, seraient tournées l'une vis-à-vis de l'autre. Les régions polaires australes, ont les nuits perpétuelles, quand les contrées polaires boréales ont les jours perpétuels, et réciproquement. Sur tous les horizons, les hauteurs méridiennes sont différentes de ce qu'elles sont chez nous, à latitude égale. Quand, en Europe, le soleil est au-dessus de l'équateur, au cap de Bonne-Espérance, il est au-dessous, et pour le même jour, c'est de la même quantité.

83. On peut trouver, pour l'horizon d'une latitude quelconque, la **hauteur méridienne de tous les**

astres dont on connaît la déclinaison, en la rapportant à la hauteur de l'équateur. Par la hauteur méridienne qui est toujours en rapport avec la déclinaison, on trouve les amplitudes ortives et occases, de sorte que, à l'aide de la seule latitude d'un lieu, on peut exactement déterminer l'état de la sphère céleste, sur l'horizon de ce lieu, le ciel de perpétuelle apparition, celui de perpétuelle occultation, celui d'apparition alternative, l'obliquité des parallèles de la sphère, etc. Il suffit pour cela de faire quelques additions ou quelques soustractions de la plus grande simplicité. Les étoiles ont une déclinaison et une hauteur méridienne constantes. Le soleil, la lune, les planètes, et tous les astres qui se déplacent comme eux, ont une déclinaison et par conséquent une hauteur méridienne variables; leur hauteur méridienne peut donner leur déclinaison, et réciproquement. Le moyen le plus simple, c'est encore de leur donner à peu près la même déclinaison que celle des astres dont ils sont le plus voisins dans le moment, et ainsi la même hauteur méridienne. Ces rapports si simples et si exacts des principaux éléments de la sphère céleste avec la latitude, n'avaient pas encore, que nous sachions du moins, été signalés et réunis de cette façon, dans un livre élémentaire.

Troisième sorte d'indications tirées de la latitude.

84. **Indications physiques et météorologiques.** Il faudrait ici parler des lignes **isothermes, des courants** atmosphériques et marins, des méridiens magnétiques, de la déclinaison et de l'inclinaison des aiguilles aimantées, des phénomènes météorologiques propres aux diverses latitudes, des caractères géologiques des diverses contrées, comme aussi des **animaux** et des

végétaux particuliers aux différents climats. Car, si un bon nombre d'entr'eux, en quelque sorte cosmopolites, se trouvent dans toutes les contrées, il en est un plus grand nombre qui ont une zone propre qu'il s'agirait d'indiquer. Pour les lignes isothermes et les méridiens magnétiques, consultez une carte spéciale de l'*atlas du Cosmos,* et pour les zones botaniques et zoologiques, divers livres et cartes où elles se trouvent en partie indiquées. Notre prochaine publication s'étendra sur cette matière. Ces indications n'ont pas avec la latitude un rapport aussi direct que les autres. Il faut ici déterminer des zones souvent fort inégales et plutôt d'après la simple observation, que d'une manière rigoureuse.

85. **Indications tirées de la longitude.** Elles sont presque toutes relatives à la **différence des heures** entre des pays de longitude différente. Nous renvoyons pour cela à notre **horloge géographique ou des méridiens terrestres,** à l'aide de laquelle on apprendra : 1° à connaître quelle heure il est dans chaque contrée du globe, à une heure quelconque; 2° à rapporter aux heures propres de différentes contrées, un fait ayant eu lieu à telle heure, dans l'une d'elles; 3° à expliquer des particularités de la télégraphie électrique, qui proviennent de la différence des heures, et de la longitude des villes données; 4° à régler sa montre, en voyage, d'après la différence des heures et la longitude des lieux où l'on va et par où l'on passe. 5° un phénomène astronomique doit avoir lieu à telle heure, de Paris, par exemple. On est sur mer, et l'on a porté avec soi une bonne montre, un chronomètre donnant l'heure de Paris. Quand ce fait a lieu, le chronomètre marque une autre heure que celle indiquée pour Paris. La diffé-

rence des heures est proportionnelle à la longitude, orientale, si le chronomètre retarde, occidentale, s'il avance.

A l'aide de la longitude d'un lieu donné, on trouve la différence horaire avec le premier méridien, et réciproquement. L'horloge géographique peut servir de **cadran solaire,** et, comme tel, faire voir la succession de midi et des autres heures dans les diverses contrées du globe.

86. A l'aide de la latitude et de la longitude d'un lieu, on trouve son **antipode,** qui est un point du globe à la même latitude, mais dans l'autre hémisphère, et dont la longitude est opposée, c'est-à-dire exprimée par une différence de 180°.

87. Nous allons tirer les diverses indications ci-dessus (§ 75 à 86), de la latitude et de la longitude : 1° de la ville de Pondichéry, Asie, zone torride; 2° de celle de Riga, Europe, zone tempérée ; de l'île Melville, Amérique du nord, zone glaciale, prises comme exemples.

1° *Pondichéry*. Latitude boréale, 11° 55' ; longitude orientale, 77° 29'.

Première série. — Indications géographiques ; hémisphère boréal ; zone torride. — Climat, deuxième climat de demi-heure. — Plus long jour : 12 h. 45' ;—Plus court jour : 11 heures 15 (1).

Deuxième série. — Indications astronomiques : hauteur du pôle au-dessus du point nord de l'horizon : 11° 55'.

Parallèle de déclinaison boréale qui répond au zénith : 11° 55'.

(1) On verra dans notre explication complète, comment on trouve la longueur d'un jour quelconque à l'aide du plus long ou du plus court.

Distance du zénith au pôle nord : 78° 5'.

Distance du zénith à l'équateur céleste : 11° 55'.

Hauteur de l'équateur au-dessus de l'horizon : 78° 5'.

Angles que fait l'horizon avec l'axe du monde : 11° 55'.

Angles que fait l'horizon avec l'équateur céleste : 78° 5'.

Le ciel de perpétuelle apparition va de 78° 5' de déclinaison boréale, au pôle nord.

Le ciel de perpétuelle occultation va de 78° 5' de déclinaison australe au pôle sud.

Ciel d'apparition alternative : 78° 5' dans l'hémisphère boréal, et autant dans l'hémisphère austral; en tout : 156° 10'.

Obliquité de la sphère ou inclinaison de l'équateur et de ses parallèles sur l'horizon : 78° 5' (1).

Hauteur méridienne du soleil; aux équinoxes : 78° 5'; au solstice d'été : 101° 33'; au solstice d'hiver : 54° 37' (2).

Le soleil est au zénith, à midi, vers le 21 avril et il y revient vers le 22 août; du 21 avril au 22 août, le soleil à midi, passe au-delà du zénith, du côté du pôle, et l'ombre est tournée vers le sud.

Nuits crépusculaires, néant; car, si de 78° 5', on retranche 23° 28', il reste 54° 34', supérieur à 18° (Voir § 81).

A l'aide de ces indications et de quelques autres tirées

(1) L'explication complète fera voir comment on trouve l'amplitude ortive et occase de tous les astres et leur hauteur méridienne, selon leur déclinaison et selon l'obliquité de la sphère sur l'horizon du lieu donné, ce qui est une partie importante de l'établissement de la sphère sur l'horizon d'un lieu quelconque.

(2) Pour trouver la hauteur méridienne du soleil pour un jour quelconque, cherchez dans un annuaire, la déclinaison du soleil pour ce jour. Si elle est boréale, ajoutez-la à la hauteur méridienne de l'équateur; si elle est australe, retranchez-la. Cette déclinaison vous fera aussi trouver l'amplitude ortive et occase du soleil, l'heure de son lever et de son coucher, etc.

des explications, on peut aisément établir la sphère céleste telle qu'elle est sur l'horizon de Pondichéry.

Troisième série.—Indications physiques. Ligne isotherme : l'équateur thermique, température moyenne + 28°, passe un peu au-dessous de Pondichéry, qui ainsi se trouve dans la zone des pays les plus chauds. L'équateur magnétique pour la déclinaison et celui pour l'inclinaison passent aussi à quelques degrés au-dessous de Pondichéry; l'une et l'autre y sont faibles. Pour les courants atmosphériques, la météorologie, la saison des pluies, les diverses productions animales, végétales et minérales, les caractères géologiques de la contrée, voir une description spéciale, dans un ouvrage de géographie.

Indications tirées de la longitude. Différence horaire avec Paris: 5 heures 9' 56" en avance (1). (Voir l'*horloge géographique*).

88. 2° *Riga.* Latitude boréale : 56° 57'; longitude orientale : 21° 48'.

Première série. — Indications géographiques : hémisphère boréal ; zone tempérée. Climat : 12me climat de demi-heure. Plus long jour : 17 h. 38'; plus court : 8 h. 22'. (Voir la note 1, page 44).

Deuxième série. — Indications astronomiques.

Hauteur du pôle au-dessus du point nord de l'horizon : 56° 57'.

Parallèle de déclinaison boréale auquel répond le zénith : 56° 57'.

(1) On sait que pour tous les lieux situés sur le même demi-méridien, d'un pôle à l'autre, l'heure est la même, ainsi que les différences horaires avec les autres méridiens. Cherchez sur une mappemonde les lieux situés sur le même méridien que le point pour lequel vous opérez.

Distance du zénith au pôle nord : 33° 3'.

Distance du zénith à l'équateur céleste : 56° 57'.

Hauteur de l'équateur au-dessus de l'horizon : 33° 3'.

Angles que fait l'horizon avec l'axe du monde : 56° 57'.

Angles que fait l'horizon avec l'équateur céleste : 33° 3'.

Le ciel de perpétuelle apparition va du 33me degré de déclinaison boréale, au pôle nord.

Le ciel de perpétuelle occultation va du 33me de déclinaison australe, au pôle sud.

Ciel d'apparition alternative : 33° 3' dans l'hémisphère céleste boréal et autant dans l'hémisphère austral ; en tout 66° 6'.

Obliquité de la sphère céleste ou inclinaison de l'équateur céleste et de ses parallèles sur l'horizon : 33° 3'. (Voir la note 1, page 45).

Hauteur méridienne du soleil, aux équinoxes : 33° 3'; au solstice d'été : 56° 31'; au solstice d'hiver : 9° 35'. Le soleil, au solstice d'été, est à 33° 29' du zénith, et au solstice d'hiver, à 80° 25' du zénith. (Voir la note 2, page 45).

Nuits crépusculaires : du 1er mai au 12 août environ. (Voir paragr. 81).

A l'aide de ces indications et de quelques autres tirées des explications, l'on peut aisément établir la sphère céleste telle qu'elle est, sur l'horizon de Riga.

Troisième série. — Indications physiques : ligne isotherme : environ + 6°. Méridien magnétique ; déclinaison peu différente de celle de Paris. Pour la météorologie, l'histoire naturelle, les particularités géologiques du sol de la contrée, etc., voir une description spéciale dans un ouvrage de géographie.

Indications tirées de la longitude : différence horaire avec Paris: 1 h. 27' 13" en avance. (Voir la note 1, p. 46).

89. 3° *Ile Melville* (Amérique du nord) ; latitude boréale : 75°; longitude occidentale : 112°.

Première série. — Indications géographiques : hémisphère boréal ; zone glaciale. Climat : 3me climat de mois. En été, jour perpétuel de près de 103 fois vingt-quatre heures ; en hiver, nuit perpétuelle à peu près d'autant de fois vingt-quatre heures. Les jours qui précèdent le jour perpétuel grandissent graduellement, et les nuits se raccourcissent, de l'équinoxe de printemps, jusqu'au moment où le jour devient perpétuel. Le soleil finit par ne plus se coucher qu'un instant vers minuit, et bientôt après commence le jour perpétuel. Réciproquement, de l'équinoxe d'automne jusqu'à la nuit perpétuelle, les jours diminuent graduellement et les nuits deviennent plus longues. Le soleil finit par ne paraître plus qu'un instant vers midi ; puis commence la nuit perpétuelle.

Deuxième série. — Indications astronomiques :

Hauteur du pôle au-dessus du point nord de l'horizon : 75°.

Parallèle de déclinaison céleste boréale auquel répond le zénith : 75°.

Distance du zénith au pôle nord : 15°.

Distance du zénith à l'équateur céleste : 75°.

Hauteur de l'équateur au-dessus de l'horizon : 15°.

Angles que fait l'horizon avec l'axe du monde : 75°.

Angles que fait l'horizon avec l'équateur céleste : 15°.

Le ciel de perpétuelle apparition va du 15me degré de déclinaison boréale, au pôle nord.

Le ciel de perpétuelle occultation va du 15me degré de déclinaison australe, au pôle sud.

Ciel d'apparition alternative : 15° dans l'hémisphère boréal et autant dans l'hémisphère austral ; en tout : 30°.

Obliquité de la sphère ou inclinaison de l'équateur céleste et de ses parallèles sur l'horizon : 15°. (Voir la note 1, page 45).

Hauteur méridienne du soleil, aux équinoxes : 15°; au solstice d'été : 38° 28'; au solstice d'hiver, néant; le soleil est sous l'horizon ; nuit perpétuelle. (Voir la note 2, page 45).

Le jour perpétuel commence du moment où la déclinaison boréale du soleil est de 15° ou supérieure à 15°, complément de la latitude, et, il finit, quand cette déclinaison est 15° et au-dessous, c'est-à-dire du 1er mai au 11 août, 103 jours. Pendant ce jour perpétuel, le soleil, au solstice d'été, ne s'élève pas plus que sur un horizon de 38°, au solstice d'hiver.

La nuit perpétuelle commence, quand la déclinaison australe du soleil est de 15°, ou supérieure à 15°, c'est-à-dire du 3 novembre au 9 février, ou 99 jours environ.

Les nuits crépusculaires commencent vers le milieu de mars, époque où le soleil a environ 3° de déclinaison australe, qui joints aux 15° dont l'équateur est abaissé au-dessous de l'horizon vers le nord, font 18°. Elles durent jusqu'au jour perpétuel, en devenant de plus en plus claires. Elles reprennent à la fin du jour perpétuel, vers le 11 août, et durent, en diminuant graduellement de clarté, jusque vers le 1er octobre, où la déclinaison australe du soleil est redevenue de 3° environ. A partir de cette époque jusqu'au milieu de mars, pendant les nuits alternatives et la nuit perpétuelle, il n'y aura plus d'autre clarté que des crépuscules et des aurores plus prolongés que dans nos contrées, des clairs de lune et des aurores boréales.

A l'aide de ces données et de quelques autres fournies par nos explications, il est facile d'établir la sphère céleste sur l'horizon de l'île Melville. On verra qu'elle diffère notablement de ce qu'elle est dans nos contrées.

Troisième série. — Indications physiques : ligne isotherme entre —15° et —18°, c'est-à-dire dans les régions les plus froides du globe. L'île Melville est à 10 ou 12 degrés du pôle magnétique boréal ; déclinaison, inclinaison et météores magnétiques très-remarquables. Voir dans un ouvrage de géographie, la description spéciale de cette contrée glaciale : météorologie, histoire naturelle, géologie, formation, durée, fonte des glaces, etc.

Indications tirées de la longitude : différence horaire avec Paris, 7 h. 30' environ, en retard. Son méridien passe par la vieille Californie et une partie du Mexique occidental.

90. On peut, ainsi que nous venons de le faire, tirer de la latitude et de la longitude d'**un lieu quelconque**, les indications géographiques, astronomiques et physiques que nous mentionnons dans notre explication et dans ces exemples. On peut surtout se proposer, comme application curieuse et utile, d'établir la sphère ou ciel de diverses contrées, pour en voir les différences, et se représenter les aspects que prend cette sphère à ces diverses latitudes, comme si on avait habité les pays eux-mêmes.

CHAPITRE VII.

Explication de la figure première.

91. Cette figure est destinée à expliquer une particularité que présente la carte céleste. Les signes du zodiaque ne concordent pas avec les constellations ; ils sont tous dans la constellation qui précède la leur : le signe du Bélier est dans la constellation des Poissons, celui du

Taureau, dans celle du Bélier, et ainsi des autres. Nous allons en donner la raison, après quelques indications préliminaires.

92. Dans la figure première, les noms de constellations zodiacales, occupent la place même des constellations; les signes sont représentés pour plus de clarté et de simplicité, la figure étant très-petite, par les quatre suivants: ♈, équinoxe de printemps; ♋, solstice d'été; ♎, équinoxe d'automne; ♑, solstice d'hiver. Ces quatre signes occupent chacun, dans la figure, quatre places différentes, désignées par les nombres 1, 2, 3, 4, mis à côté d'eux. Le n° 1 est celle qu'ils occupaient, il y a déjà plus de 2,000 ans, alors que les signes répondaient exactement aux constellations. Le n° 2 indique la place que les signes ont aujourd'hui; le n° 3 celle qu'ils auront dans un peu plus de 2,000 ans, et le n° 4 dans plus de 4,000 ans. Nous n'avons pas été au-delà; mais on peut soi-même, par la pensée, faire faire à chacun de ces signes, et à tous ensemble, le tour entier du zodiaqne et de l'écliptique, de manière, par exemple, que ♈ revienne à ♈', après avoir passé successivement par tous les points de l'écliptique, et pris ainsi les onze autres positions répondant aux rayons de la figure.

Remarquez que la **marche des signes** est ici **rétrograde,** c'est-à-dire inverse de ce qu'on appelle l'ordre direct qui est : Bélier, Taureau, Gémeaux, etc.

93. Au centre de la figure, est la terre avec son axe incliné et son équateur à égale distance de ses deux pôles.

La ligne perpendiculaire au-dessus et au-dessous du plan de l'écliptique et du zodiaque, est l'axe de l'écliptique qui se termine par ses pôles désignés par P. E. Autour de P. E., sont tracés deux cercles qui vus un peu obliquement, comme d'ailleurs tout le reste de la figure, prennent la forme d'une ellipse. Autour de ces circonférences, sont indiquées les positions successives des pôles de la sphère, positions qui répondent à celles que prennent les signes dans leur rétrogradation. Les diverses flèches de la figure indiquent le sens de ces mouvements.

94. L'axe de la terre, en se prolongeant jusqu'à la sphère céleste, c'est-à-dire indéfiniment, y détermine les pôles du monde ou de la sphère céleste.

Nous avons dit dans l'explication de la figure 3, que l'axe de la terre restait parallèle à lui-même, pendant la révolution annuelle ; cela n'est pas tout à fait exact. Chaque année, la direction de l'axe de la terre se trouve un peu changée. Le globe semble comme incliner d'un côté, et prendre une position telle, que son axe qui aboutissait à p^1, aboutit ensuite à p^2, puis à p^3, et ainsi de suite ; de cette façon, la place des pôles du monde change autour des pôles P. E. de l'écliptique, et ce changement produit la marche rétrograde des signes. Les signes et les pôles font leur révolution en 25,797 ans et 7 ou 8 mois, ce qui fait par an, environ 50" 238 millièmes de seconde, et 1 degré en 71 ans 8 mois, 30 degrés ou un signe en 2,149 ans 10 mois.

95. La figure 5 représente quatre directions de l'axe de la terre pendant cette longue période de 25,797 ans. La position *a* répond à peu près à p^2, et diffère assez peu de la position actuelle. L'axe de la terre aura la direction *b* ou p^5, dans 6 ou 7,000 ans ; la direction *d* ou p^8, dans 12 ou 13,000 ans ; la position *d* ou p^{11}, dans 19 ou 20,000 ans. La figure 5 représente la terre dans quatre places différentes, mais ce n'est que pour faciliter l'intelligence de l'explication. Ce que nous décrivons ici, n'est pas un changement de lieu de la terre, c'est simplement un changement dans la direction de son axe de rotation, qui occasionne un changement dans les pôles du monde. Ainsi, la figure 1, où la terre est toujours à la même place, mais où l'on voit son axe prendre successivement les positions 1, 2, 3, 4, etc., est-elle aussi vraie, bien que nécessairement un peu plus confuse.

96. La courbe autour de laquelle sont rangés les signes ♋, ♈, ♑, ♎, est l'écliptique; la ligne ponctuée qui la coupe en deux points opposés, et qui est oblique par rapport à l'écliptique, est l'équateur céleste, prolongement du plan de l'équateur terrestre. Des pôles du monde, à tous les points de l'équateur, il doit toujours y avoir 90°, c'est-à-dire partout une égale distance. Mais si le pôle se déplace, si de p^1 il passe à p^2, il faudra que l'équateur change ses intersections avec l'écliptique, et que, après les avoir eues en ♈^{1} et ♎^{1}, il les ait en ♈^{2} et ♎^{2}, puis en ♈^{3} et ♎^{3}, quand le pôle sera au p^3, et ainsi de suite. Ce mouvement rétrograde tend à porter ♈^{2}, intersection actuelle, en arrière, et du côté de ♈^{3}. Mais l'équinoxe de printemps marqué par ♈, a lieu quand le soleil est juste au point d'intersection de l'écliptique et de l'équateur. Puisque cette intersection se déplace chaque année un peu, et que, dans sa rétrogradation, elle va pour ainsi dire au-devant du soleil, qui ne quitte pas l'écliptique, il s'en suit que l'équinoxe de printemps a lieu, chaque année, plus tôt qu'il n'aurait eu lieu si le ♈ ne s'était pas déplacé. Les équinoxes ont donc lieu un peu avant l'instant où ils devraient avoir lieu; ils précèdent cet instant; c'est ce qu'on appelle la **précession des équinoxes.** Le déplacement rétrograde de ♈ entraîne celui de tous les autres signes, notamment de l'autre équinoxe et des deux solstices. C'est ainsi que les intersections de l'écliptique et de l'équateur représentées par ♈, ♎, rétrogradent avec les signes, qui, comme elles, suivent le déplacement des pôles. L'axe du monde décrit ainsi autour de l'axe et des pôles de l'écliptique, un cône dont le sommet est au centre de la terre, et dont la base est le cercle que le pôle du monde décrit autour de P. E. en 25,797 ans.

97. Quand la science astronomique, dont nous avons hérité des anciens Grecs, a été commencée et fixée, les signes répondaient aux constellations, ce que représentent p^1, ♋^{1}, ♈^{1}, ♎^{1}, ♑^{1}; mais depuis, l'axe s'est déplacé et a pris la position actuelle p^2, ce qui a donné aux signes la position ♋^{2}, ♈^{2}, ♎^{2}, ♑^{2}. En continuant de se déplacer, l'axe prenant les positions 3, 4, 5, etc., les signes prendront eux-mêmes les positions correspondantes 3, 4, etc. De sorte que ♈^{1} désigne une date, l'ère de l'astronomie, et continuera de la désigner toujours, pendant toute la période.

98. Les lignes qui vont de p^1 à ♋^{1}, de p^2 à ♋^{2}, de p^3 à ♋^{3}, font voir vers quelle partie du zodiaque penche successivement l'axe dans ses diverses inclinaisons ; c'est toujours vers le solstice d'été, ♋, qui est à 23° 28' au-dessus de l'équateur.

Les intersections des équinoxes sont chacune à 90 degrés des solstices. Le signe du ♑ désigne le solstice d'hiver, abaissé dans notre hémisphère boréal de 23° 28' au-dessous de l'équateur.

99. Le fait important de la précession des équinoxes résulte d'une inégalité dans l'action attractive du soleil et de la lune sur la terre qui, renflée à l'équateur, ressent dans ces parties, un surplus d'attraction dont l'effet est

de faire subir au globe, dans sa position, un changement par lequel son axe n'est plus parallèle à lui-même et se dirige vers d'autres points de la sphère.

100. C'est surtout par le changement de direction de l'axe de la terre, que nous avons expliqué la précession des équinoxes. Cette explication est la plus facile à comprendre. Mais pour être plus exacte et plus complète, il aurait fallu que notre explication montrât la terre dérangée, non-seulement dans la direction de son axe, mais encore et surtout dans sa position, ainsi que dans la route qu'elle suit autour du soleil; dérangement qui lui fait décrire non plus une ellipse constante, mais une suite de courbes non fermées, en forme de *spirales* obliquement superposées et inclinées dans le sens de la rétrogradation des nœuds de l'écliptique et de l'équateur. Nous avons craint que ces explications ne parussent un peu difficiles à saisir, et nous nous sommes borné à ce qu'il y a de plus facile dans cette question.

101. Sur la carte céleste, est tracé un **cercle ponctué** qui passe par le pôle actuel. Il indique les divers points qu'occupera successivement le pôle dans la période de la précession. L'étoile actuellement polaire ne l'a pas toujours été, et ne le sera pas toujours. Suivez ce cercle dans la direction des flèches qui s'y rapportent, et vous verrez par quelles constellations le pôle doit passer, et quelles étoiles, en étant un jour voisines, seront alors polaires. Ce cercle a pour centre le pôle boréal de l'écliptique qui serait dans l'intérieur de la lettre c du mot *décembre* du calendrier circulaire.

102. Les changements de position des pôles du monde, de l'équateur céleste, et de ses intersections avec l'écliptique, font varier progressivement la déclinaison, les

heures sidérales et l'ascension droite des étoiles. Si l'on considère les étoiles a et b de la fig. **1**, pendant la révolution des équinoxes, et si on rapporte leur position en déclinaison à l'équateur et en ascension droite à ♈, on comprendra que leurs rapports avec ce cercle et avec ce point, changent sans cesse. Il en est ainsi de tous les astres dits fixes. Il en résulte de notables et curieux changements dans les aspects du ciel sur l'horizon de chaque latitude terrestre. Telle constellation s'y voit aujourd'hui, qui ne s'y verra plus dans quelques milliers d'années; réciproquement, il y a des constellations qui aujourd'hui ne paraissent pas sur certains horizons, et qui s'y verront plus tard. Telle étoile a une hauteur connue aujourd'hui, qui dans 4 ou 5,000 ans en aura une toute différente; telle étoile répond à une certaine heure sidérale, qui répondra alors à une tout autre heure. C'est ce que montre parfaitement notre **sphère polyaxe**, et ce qu'on appelle en astronomie **rétrogradation des fixes.**

La précession des équinoxes est confirmée par l'observation qui nous montre les pôles, les points équinoxiaux et autres de l'écliptique, se déplaçant dans le sens rétrograde. La déclinaison, l'ascension droite, les heures sidérales changent à la longue.

103. Le déplacement rétrograde de l'équinoxe fait que l'**année tropique** ou équinoxiale est plus courte que l'**année sidérale** de 20' 22". L'année sidérale est le temps que le soleil met à revenir en conjonction avec une étoile, celle, par exemple, qui au commencement de l'année sidérale précédente, était la plus voisine du point équinoxial du printemps. L'année tropique ou équinoxiale est le temps que le soleil met à revenir à l'intersection vernale de l'écliptique et de l'équateur. Puisque cette intersection est, comme nous le disons plus haut, en quelque sorte venue au devant du soleil, il y sera arrivé avant de se trouver en conjonction avec l'étoile qui, au même équinoxe précédent, répondait à cette intersection.

104. Dans la fig. 1, on a supposé que l'axe du monde décrit un cercle autour de P.E.; mais cela n'est pas exact; car l'axe du monde est sans cesse dérangé par diverses influences attractives qui tantôt le redressent un peu, tantôt l'inclinent davantage. Il y a un dérangement à courte période (18 ans) qu'on appelle **nutation** et qui est dû à l'influence de la lune. Toutefois elle se combine avec quelques autres actions attractives, lesquelles tantôt augmentent, tantôt diminuent la nutation. Cette nutation de l'axe lui fait décrire une sorte de feston à pointes très-petites et très-rapprochées, au lieu d'une circonférence autour du P.E. Il y a un autre dérangement dû à l'action des grosses planètes. Il est infiniment plus long, puisqu'il embrasse une periode 77,500 ans, pendant laquelle l'axe de la terre paraît se redresser, se rapprocher de P.E., pour s'en éloigner ensuite. Les limites de ce rapprochement et de cet éloignement sont de 6° 36'. On est actuellement dans une partie de la période où l'axe de la terre semble se redresser, puis ce redressement s'arrêtera et l'inclinaison reprendra. Le redressement aurait pour effet de modifier, du moins pour la température, la différence entre l'été et l'hiver, de diminuer les zones torride et glaciale, d'agrandir les zônes tempérées, de changer les climats, la longueur des jours et des nuits, et de nous rapprocher d'un printemps perpétuel. L'abaissement de l'axe doit produire les effets contraires. On

connait des lieux qui ont été dans la zône torride et qui n'y sont plus, mais qui sans doute y reviendront. La fig. 6 donne une idée de la courbe sinueuse que décrit l'axe de la terre par la nutation. On voit aussi que, par le déplacement à longue période, cette courbe sinueuse se rapproche et s'éloigne des pôles P.E.

Cette figure toutefois ne donne de cette particularité qu'une idée imparfaite; nous avons pensé que les explications en diraient assez.

En comparant les longueurs des périodes de la précession des équinoxes et du changement d'obliquité de l'écliptique ou des variations dans l'inclinaison de l'axe de la terre, on reconnaîtra que la première de ces périodes s'exécute environ trois fois, pendant que s'opère la seconde; car 25,797 est contenu un peu plus de trois fois dans 77,500.

105. Pendant que le pôle se rapproche et s'éloigne de P.E., l'angle que font l'équateur et l'écliptique, c'est-à-dire l'**obliquité de l'écliptique,** change d'autant. Pendant la période de redressement, elle devient moindre, et pendant celle d'abaissement, elle devient plus grande; ainsi la valeur angulaire 23° 28' est loin d'être constante.

CHAPITRE VIII.

Explication de la figure 2.

106. La fig. 2 donne une idée de l'**excentricité** de l'orbite terrestre, du **périhélie,** de l'**aphélie,** et de leur **déplacement.** La courbe que décrit la terre

autour du soleil, n'est pas un cercle, c'est un ellipse, et encore, par suite des perturbations qu'éprouve la terre dans ses révolutions annuelles, cette ellipse n'est pas fermée; de sorte que les orbites décrites par la terre forment comme une spirale immense, et l'on peut dire que la terre en parcourant l'espace, ne passe jamais exactement par le même chemin.

107. La fig. 2, pour plus de simplicité, représente l'orbite terrestre sous la forme d'une ellipse fermée; c'est la courbe ponctuée qui occupe l'intérieur de la figure. Le cercle extérieur serait l'écliptique divisé en douze parties répondant aux mois de l'année et aux saisons. L'**ellipse** est une courbe allongée, ovale, et fermée. Le **grand axe** est un diamètre dans le sens allongé de l'ellipse. Le **petit axe** est un diamètre perpendiculaire sur le milieu du grand axe. Le point où ils se coupent est le centre de l'ellipse. Sur le grand axe, de part et d'autre du centre, à une distance proportionnelle à l'allongement elliptique, sont les **foyers**; la distance du centre aux foyers, est l'excentricité de l'ellipse. L'orbite terrestre est une ellipse assez peu excentrique et dans la fig. 2, cette excentricité a été exagérée afin de la rendre sensible; car, dans un petit dessin cette ellipse ne se distinguerait pas d'un cercle. Le soleil occupe l'un des foyers de l'orbitre terrestre; il y a donc des parties de cette orbite plus rapprochées du soleil que les autres. Le point le plus rapproché du soleil est le périhélie; le plus éloigné, est l'aphélie. Au périhélie, la terre est plus rapprochée du soleil d'environ 500,000 lieues, ce qui n'est guère que la 76me partie du grand axe.

108. La fig. 2 représente donc l'orbite elliptique de la terre (courbe ponctuée); la ligne $p^1\ a_1$, est le grand axe.

Le foyer est au point où se coupent les lignes droites de la figure; la ligne ponctuée T', T''' est le petit axe. T, T', T'', T''' sont quatre positions de la terre sur son orbite; la première et la troisième, aux extrémités du grand axe, la deuxième et la quatrième à celle du petit.

109. La forme elliptique de l'orbite terrestre est le résultat de deux forces dont il est bon de bien comprendre l'action. Prenons la terre en T'; elle est alors à une distance moyenne du soleil, et animée d'une vitesse moyenne, qui donne à la force centrifuge une moyenne intensité. L'attraction centrale du soleil trouvant dans cette vitesse moyenne une moindre résistance, agit plus fortement sur la terre qui se rapproche alors du soleil comme si elle voulait y tomber. Mais on sait que la chûte des corps produit un mouvement accéléré. De T' en T'', la terre augmente sa vitesse en se rapprochant du soleil. Or un corps qui tourne autour d'un centre, tend à s'échapper par la tangente, avec une force d'autant plus grande, que le mouvement circulaire est plus rapide. L'accélération de la vitesse de la terre sur son orbite, a donc produit un surplus de force centrifuge, qui, à partir de T'' en T''' éloigne la terre du soleil. Mais pendant que la terre s'éloigne de cet astre, l'attraction solaire diminue à mesure que la distance augmente, et la force centrifuge se ralentit avec la vitesse. En T, la terre se trouve dans le point de son orbite où son éloignement du soleil et le ralentissement de la vitesse sont les plus grands. Ce ralentissement de vitesse, cette diminution de la force centrifuge favorisent l'attraction qui recommence à prédominer; et la terre, de T et T'', se rapproche du soleil, avec une vitesse accélérée. Ainsi la forme elliptique de l'orbite terrestre est dûe à une *prédominance alternative*

de l'attraction solaire et de la force centrifuge. En p^1 la terre est le plus rapprochée du soleil, et cette position répond au commencement de janvier, car à ce point de son orbite, la terre voit le soleil au point opposé à celui qu'elle occupe, c'est-à-dire au commencement de janvier. En a^1 la terre est le plus éloignée du soleil ; ce qui arrive au commencement de juillet.

110. De T' à T'' jusqu'à T''', la terre est, pour nous, habitants de l'hémisphère boréal, dans l'automne et dans l'hiver. Cette partie de son orbite est plus courte et plus vite parcourue que l'autre qui est plus développée, et où la vitesse est moins grande ; voilà pourquoi la somme des jours de l'automne et de l'hiver, est un peu moindre que celle des jours du printemps et de l'été. Cette inégalité a pu se remarquer sur le calendrier circulaire de la carte céleste, et c'est en grande partie, pour en rendre raison, que nous avons fait la fig. 2 et que nous entrons dans ces détails. Du reste, nos figures de cosmographie se rattachent toutes directement à l'Indicateur qu'elles complètent d'une manière utile.

111. Le périhélie et l'aphélie *se déplacent* sous l'influence de certaines causes perturbatrices, qu'il serait trop long d'expliquer ici. Le sens de ce déplacement est indiqué par les flèches de la fig. 2 ; il est direct et dans l'ordre des signes. La révolution entière du périhélie s'opère en 20,889 ans et 7 ou 8 mois.

112. Les lignes droites p^2 a^2, p^3 a^3, p^4 a^4, p^5 a^5, p^6 a^6, sont les grands axes de l'orbite terrestre dans cinq positions que lui donnera successivement le déplacement du périhélie et de l'aphélie. Il faut supposer à chacun de ces grands axes une ellipse ponctuée comme

celle qui se rapporte à p^1 a^1. Nous avons supprimé ces ellipses pour ne pas trop charger la figure.

113. Le déplacement du périhélie et de l'aphélie fait changer l'époque de l'année à laquelle la terre est le plus rapprochée ou le plus éloignée du soleil. Il influe sur la **longueur relative des saisons.** Quand p et a du grand axe, sont, comme maintenant, voisins des solstices, l'été est plus long que l'hiver, si l'aphélie est en été, comme a^1. L'hiver est plus long que l'été, quand l'aphélie est en hiver comme a^5. La longueur des saisons est plus égale, quand p et a sont voisins des équinoxes. Il faut dans toutes ces supputations, tenir compte, et du mouvement direct du périhélie, et du mouvement rétrograde des solstices et des équinoxes, afin de préciser l'état de l'orbite, à telle ou telle époque passée ou future, et d'indiquer le rapport du grand axe avec les points des solstices ou ceux des équinoxes, à la même époque.

114. Ce qui a fait connaître le périhélie et l'aphélie, l'éloignement et le rapprochement de la terre par rapport au soleil, c'est la différence des grosseurs sous lesquelles nous voyons cet astre au méridien. Ainsi, en juillet, nous voyons le soleil au méridien plus petit qu'en janvier; c'est qu'alors nous en sommes plus éloignés. La **différence des diamètres apparents**, répond exactement à la **différence des distances** et à l'**excentricité de l'orbite.** L'observation et les calculs ont aussi fait connaître les déplacements du périhélie et le temps de sa révolution.

CHAPITRE IX.

Résumé de ce qui concerne les figures **1, 2, 5** *et* **6.** *Rapports entre les périodes astronomiques et le globe terrestre.*

Nous pensons en avoir assez dit sur la précession des équinoxes, sur l'obliquité de l'écliptique, sur l'excentricité de l'orbite terrestre, et sur le mouvement du périhélie ; nous n'avons cherché qu'à en donner une idée. Nous sortirions du cadre modeste et restreint de cette notice, si nous voulions traiter avec quelques détails la question des mouvements moyens de la terre et des perturbations auxquelles ils sont sujets. Le mouvement de rotation est généralement regardé comme parfaitement constant et invariable. Quelques astronomes cependant disent avoir découvert qu'il éprouve des modifications très-faibles, il est vrai, mais qui peuvent avec le temps, devenir plus sensibles.

L'excentricité de l'orbite terrestre est loin d'être constante ; elle a son maximum et son minimum. La période de ses variations renferme 45,000 ans. L'ellipse que décrit la terre n'est point régulière, et la ligne qui graphiquement la représenterait d'une manière exacte, serait légèrement tortueuse dans tout son tracé.

Les astronomes appellent perturbations, certains dérangements qu'éprouvent les mouvements et la position des corps célestes. Ces corps agissent les uns sur les autres par l'attraction, et ces actions dépendent des masses, des distances et des positions des astres. Les distances et les positions varient sans cesse ; les effets attractifs y répondent. De là une mécanique céleste établie sur les lois de l'attraction et sur les effets que produisent ces rapports variables et ces actions réciproques.

La précession des équinoxes, les variations dans l'inclinaison de l'axe de rotation, dans l'excentricité de l'orbite, le mouvement de périhélie, sont des perturbations que la terre éprouve dans sa position et dans la route qu'elle suit autour du soleil. Elles résultent de diverses inégalités ou variations dans les influences attractives qu'exercent sur elle les autres astres qui composent le système planétaire. Non-seulement les forces attractives et les variations de leur intensité se font sentir sur la terre en la dérangeant de sa position, mais encore elles agissent sur toute sa masse, selon la géologie éclairée par l'astronomie. Elles déterminent dans les matières plus ou moins solides que son intérieur renferme et qui sont recouvertes par la croûte et la surface que nous habitons, des agitations qui les soulèvent, les entraînent, en changent l'équilibre, en un mot de véritables *marées intérieures* dont les contre-coups se sont fait constamment sentir à la surface, par des tremblements, ici des soulèvements, là des affaissements proportionnels à l'énergie des causes qui les produisent. Ainsi, le globe terrestre, sous l'action, incessante, mais variable des forces qui le sollicitent, éprouve de continuelles modifications, dans ses formes et dans ses mouvements. Joignez à cela la part d'action du magnétisme, du calorique, de la lumière, enfin de tout ce qui tient au mouvement des agents physiques et aux lois des vibrations, vous aurez une idée des principales circonstances de la vie propre du globe, et des conditions de son existence.

Nous allons résumer ici comme en un tableau synoptique, ce qu'il y a de plus important à savoir et à retenir sur la précession des équinoxes, l'obliquité de l'écliptique, l'excentricité de l'orbite et le mouvement du périhélie.

Les nombres que nous avons indiqués précédemment dans l'explication de ces différentes particularités, et ceux qu'il nous reste à indiquer, nous ont été communiqués par un savant ingénieur en chef des mines, M. le comte de Villeneuve-Flayosc, qui les a calculés d'après les meilleures données ou recueillis dans les travaux les plus récents. C'est pour cette raison que nous les avons préférés à beaucoup d'autres qu'on trouve dans plusieurs auteurs, et qui diffèrent assez notablement les uns des autres. Ce résumé présentera des indications intéressantes et d'un ordre élevé, sur les rapports entre l'astronomie et la géologie. Ce qu'on va lire dépasse certainement de beaucoup la nature des notions fort élémentaires que renferme notre explication, mais nous n'avons pas voulu priver nos lecteurs de la bonne fortune que nous devons à l'obligeance de l'honorable savant nommé plus haut.

M. de Villeneuve, par des travaux persévérants et profonds, qui embrassent une suite de près de quinze années d'études, est parvenu à saisir et à établir des rapports entre les attractions sidérales et les formes du globe terrestre, ses protubérances et la distribution des divers accidents de sa surface intimément liés à ce qui se passe dans l'intérieur. Ses idées ont été exposées notamment dans une brochure qui a pour titre : *Etudes sur l'harmonie des formes terrestres.*

Tableau synoptique des principales perturbations auxquelles sont soumis les mouvements et la position de la terre.

Dans ce résumé, nous indiquerons par des *guillemets* ce que nous empruntons directement aux excellentes communications de M. le comte de Villeneuve.

1°. Période de la précession et du mouvement rétrograde des équinoxes : elle est de 25,797 ans 7 mois environ.

« La rétrogradation annuelle est de 50'', 238. »

Il faut 71 ans 8 mois pour que l'équinoxe rétrograde de 1 degré, et 2,149 ans 10 mois pour qu'il rétrograde d'un signe ou 30 degrés, (voir l'explication de la 1re et de la 5me fig.).

2°. Période du changement d'obliquité de l'écliptique ou variation dans la distance entre les pôles du monde et ceux de l'écliptique : « 77,500 ans.

40,000 ans avant le 1er janvier 1800, l'angle de l'écliptique et de l'équateur (leur obliquité et la distance de leurs pôles), était de 27° 30' 0'', 8 ; c'est le maximum. 37,500 ans après 1800, cet angle sera de 20° 54', minimum. La moyenne est 24° 12'. »

La quantité actuelle 23° 28' étant au-dessous de la moyenne, on peut dire que l'inclinaison de l'écliptique sur l'équateur ou l'angle que font le pôle du monde et celui de l'écliptique, est dans la partie de la période où ils se rapprochent et où, après s'être rapprochés, ils se remettent à s'écarter.

« Le maximum d'écartement est de 6° 36'. » Ces inégalités ont pour effet de redresser et d'incliner tour à tour l'axe de la terre.

Cette perturbation dans l'obliquité de l'écliptique par

rapport à l'équateur, et dans l'inclinaison de l'axe de la terre, provient des variations dans l'attraction que les grosses planètes principalement exercent sur la terre, selon la place et la distance où elles sont par rapport à elle. Les astronomes ont calculé qu'il faut cette même période de 77,000 ans pour que les corps célestes planétaires se retrouvent tous dans une position donnée, les uns par rapport aux autres.

3°. Période des changements de l'excentricité de l'orbite terrestre : « 45,000 ans.

15,000 ans avant 1800, cette excentricité était de 0,0188, maximum ; 30,000 ans après 1800, elle sera de 0,0060, minimum ; l'excentricité moyenne sera 0,0128. »

Ce qui fait voir que l'époque actuelle est plus rapprochée du maximum d'excentricité, que du minimum.

Cette perturbation est dûe aussi aux inégalités d'attraction auxquelles la terre est soumise pendant ses révolutions sur son orbite. Ces inégalités ont ici pour effet de modifier la forme elliptique de l'orbite terrestre, tantôt de la rapprocher, tantôt de l'éloigner de celle d'un cercle.

4°. Période du mouvement direct du périhélie, et ses rapports avec la ligne des équinoxes et avec la ligne des solstices.

« Cette période est de 20,889 ans et 7 ou 8 mois.

Ce nombre résulte de l'addition des deux quantités qui annuellement portent le périhélie en avant, dans le sens direct.

Ces quantités sont : 1°. Le mouvement rétrograde de la ligne des équinoxes	50'' 238.
2°. Le mouvement direct propre du périhélie.	11'' 80
Total.	62'' 038

Pour arriver d'un équinoxe à un solstice, et réciproquement, le périhélie emploie 5,222 ans 5 mois environ, c'est-à-dire le quart de la période entière. »

Si le périhélie n'était poussé que par son mouvement propre, sa période serait beaucoup plus longue que toutes celles dont on parle ici. Puisqu'il ne ferait que 12" en un an; en 5 ans, il ferait une minute. Il lui faudrait près de 300 ans pour faire un degré, 9,000 pour parcourir un signe et près de 108,000 ans pour sa révolution entière. Mais la précession de l'équinoxe portant vers lui les points équinoxiaux et les points solsticiaux, abrège sa route et sa période de plus des quatre cinquièmes.

Il y a 620 ans, vers l'an 1248 de notre ère, le périhélie coïncidait avec le solstice d'hiver.

« Il y a 5,842 ans, il coïncidait avec l'équinoxe d'automne; dans 4,602 ans et quelques mois, il coïncidera avec l'équinoxe de printemps; dans 9,825 ans environ, avec le solstice d'été; dans 15,047 ans, il coïncidera de nouveau avec l'équinoxe d'automne. »

Cette perturbation dans la place du périhélie a pour effet de faire tourner en quelque sorte l'orbite terrestre autour du foyer qu'occupe le soleil, de sorte que le point où la terre est le plus éloignée du soleil et celui où elle en est le plus rapprochée, décrivent à la longue une ellipse autour du soleil, pendant que cette ellipse se trouve, comme on l'a dit plus haut, sans cesse déplacée dans le sens rétrograde, par la précession.

« L'harmonie des formes terrestres se trouve en liaison très-étroite avec les circonstances astronomiques qui ont successivement modifié les marées intérieures de notre globe. La géographie n'est ainsi que la photographie de l'astronomie gravée sur notre habitation terrestre.

« De la loi générale de compressibilité, se déduit la loi mathématique de la densité intérieure terrestre. Cette dernière loi sert à déterminer l'impulsion produite par les marées intérieures de la terre. L'on démontre ainsi que les plus hautes montagnes du globe ne représentent pas autre chose par leur poids, que la pression dûe aux plus grandes marées intérieures. Ces dernières ont eu lieu nécessairement dans les siècles les plus voisins de l'époque astronomique où le périhélie coïncidait avec la ligne des équinoxes. Les montagnes de la Lune s'expliquent d'après la même loi.

« Des principes précédents qu'il établit, M. de Villeneuve tire cette conclusion, que toutes les protubérances des corps célestes, ont leur cause unique dans les variations des attractions auxquelles ils ont été soumis.

« Des travaux mathématiques faits sur le pôle magnétique boréal, il résulte que ce pôle décrit une courbe dont le centre est très-voisin de Béring, pôle des soulèvements continentaux.

« Électricité, lumière, montagnes résultent des vibrations intérieures.

« J'ai cherché dans les lois des vibrations, ajoute M. de Villeneuve, la cause première de l'ordre terrestre et de l'ordre astronomique. Ce principe énoncé dans mes leçons à l'école des Mines et dans ma communication à l'Académie des sciences, a eu, dans les causeries de M. de Parville, l'insigne honneur de paraître comme la plus importante des découvertes scientifiques enregistrées pendant l'année 1861. M. Élie de Beaumont a adopté mon principe des vibrations. Ce suffrage m'honore d'autant plus, que j'en déduis une méthode et des conséquences assez différentes de certaines propositions de de cet illustre maître, tout en confirmant les données fondamentales de ses travaux.

« Il est très-important de formuler exactement les périodes de la coïncidence de la ligne des équinoxes avec le périhélie terrestre.

« 5,222 ans avant l'année 1,248 de notre ère, le périhélie répondait à l'équinoxe d'automne. Ce fut l'époque astronomique de la plus grave crise causée à la terre par les attractions sidérales. Cette époque dont nous sommes séparés par 5,842 ans, est à peu près celle à laquelle les traditions historiques rapportent la création de l'homme.

« Dans 15,047 ans, le périhélie coïncidera de nouveau avec l'équinoxe d'automne. Mais alors l'excentricité de l'orbitre terrestre sera voisine du minimum ; or les marées intérieures et les effets qui en résultent jusqu'à la surface du globe, sont d'autant plus forts au périhélie, que l'excentricité de l'orbite est plus grande. Les crises prochaines seront donc inférieures aux crises passées qui ont eu lieu il y a 58 siècles, alors que le périhélie coïncidait avec l'équinoxe d'automne et que l'excentricité de l'orbite était plus rapprochée de son maximum. »

Ainsi donc la précession des équinoxes, les changements d'obliquité de l'écliptique, ceux de l'excentricité de l'orbitre terrestre, et le mouvement du périhélie, sont des perturbations qu'il importe de connaître, puisque par elles-mêmes, par leur action combinée ou contrariée, elles produisent des effets si remarquables.

La terre comme une matière jusqu'à un certain point plastique, se plie aux modifications des lois attractives qui la gouvernent. Sous leur influence, elle quitte sa route, se rapproche ou s'éloigne du foyer de son ellipse; elle se tourne, se balance; elle abaisse ou relève son axe de rotation; elle allonge ou raccourcit les axes de son orbite, obéissant ainsi aux forces qui la sollicitent. Sa masse entière éprouve de ces effets attractifs qui l'agitent, la tourmentent, la façonnent, et se font sentir jusque dans ses parties les plus profondes. Ce n'est pas une des moindres gloires du génie de l'homme, d'avoir trouvé les lois mathématiques de ces variations, ni une des moindres jouissances de l'imagination, de se représenter durant ces périodes séculaires, notre globe suivant sa route dans l'espace, et animé de mouvements dont les éléments divers sont soumis, jusque dans leurs moindres perturbations, à des lois fixes, à une mécanique mathématique dont les effets sont contenus dans des limites déterminées et dans des périodes d'une imposante étendue.

CHAPITRE X.

Indications particulières sur les points et les cercles fictifs qui sont comme la charpente de la sphère céleste au-dessus de l'horizon.

Il arrive très-souvent que les personnes qui commencent à observer le ciel, sont embarrassées pour trouver sur la sphère céleste, la position et le tracé fictif des principaux cercles et points qui sont comme les premiers éléments de cette sphère, et dont il est indispensable d'avoir une idée exacte et précise. Ce sont principalement l'horizon, ses quatre points cardinaux, le zénith, le pôle, le méridien, l'équateur avec ses parallèles de déclinaison, les cercles d'ascension droite, l'écliptique, le zodiaque, les tropiques, les cercles polaires, la limite du ciel de perpétuelle apparition, les cercles horaires, etc. Voici quelques indications à cet égard, et surtout l'ordre dans lequel il faut étudier dans le ciel, ces premiers principes de l'astronomie.

1°. L'**horizon** et ses quatre points cardinaux, nord, sud, est, ouest; rien n'est plus vulgaire ni plus connu. (Voir, page 8, § 21 et 22, comment il faut s'orienter). 2°. Le **zénith** directement au-dessus de la tête. 3°. Le **pôle**; il faut pour cela, à l'aide de ce qui est dit page 9, § 24, chercher l'étoile polaire qui, au reste, dans nos contrées, est à peu près entre le zénith et le point nord de l'horizon. 4°. Le **méridien** qui partant du point nord de l'horizon, passe par le pôle, puis par le zénith et va couper l'horizon au point sud pour se continuer et s'achever par dessous en passant par le **nadir** opposé directement au zénith. Le méridien peut être rattaché à l'horizon plutôt qu'à la sphère céleste, puisqu'il ne participe pas aux mouvements diurnes ni annuels de celle-ci. Au méridien se rattache le zénith. 5°. L'**équateur**; il va du point **est** au point **ouest** de l'horizon, en inclinant vers le sud, dans notre hémisphère. Dans nos contrées, il coupe le méridien en un point situé à peu près entre le zénith et le sud. Au reste, pour reconnaître dans le ciel le tracé fictif de l'équateur, voyez, d'après l'Indicateur, quelles étoiles sont les plus voisines de ce cercle; il suffit d'en connaître quelques-unes, de distance en distance, par exemple, *d* de la Baleine (41), *d*, *ẽ*, *z*, d'Orion (38), deux petites étoiles de l'Hydre (46), *g* de la Vierge (6), *m* et *z* du Serpent (32), le bas du taureau de Poniatowski (33), *th* de l'Aigle et Antinoüs (37), *a* du Verseau (11). Dites vous que l'équateur passe par ces étoiles ou dans leur voisinage, comme on le voit sur l'Indicateur. Quant aux cercles de déclinaison boréale et australe, et aux cercles d'ascension droite, un peu de pratique et d'habitude vous amèneront bientôt à pouvoir vous en représenter la disposition et à les tracer par la pensée dans le ciel.

Nous conseillons aux personnes qui veulent se familiariser avec l'observation astronomique et donner à leurs connaissances plus d'exactitude et de précision, d'avoir un demi-cercle ou un quart de cercle divisé en degrés et portant une alidade mobile pour prendre la mesure des angles et pour s'habituer à se faire une idée exacte de tout ce qui, sur la sphère céleste, s'évalue et s'exprime en degrés. Le **cadran astronomique** (§ 56 et suiv.) répond exactement à cette indication, puisque c'est un de ses usages spéciaux.

6°. **L'écliptique,** à raison de son tracé sur la sphère, prend des positions fort différentes au-dessus de l'horizon. Il faut rapporter l'écliptique : 1° au point est et au point ouest de l'horizon; 2° au méridien. C'est juste à l'est et à l'ouest que les intersections équinoxiales de l'écliptique et de l'équateur, touchent l'horizon, et alors, si c'est le solstice d'été qui se trouve au-dessus de l'horizon, l'écliptique coupe le méridien à 23° 28' au-dessus du point où l'équateur coupe aussi le méridien, et c'est en même temps la déclinaison et la hauteur méridienne du **tropique du Cancer;** si c'est le solstice d'hiver qui est au méridien, ce dernier cercle est coupé par l'écliptique à 23° 28' au-dessous de l'équateur, et c'est la déclinaison et la hauteur méridienne du **tropique du Capricorne.** Quand ce sont d'autres points de l'écliptique que les intersections équinoxiales, qui touchent l'horizon, la disposition de l'écliptique au-dessus de ce cercle est telle, que, si un de ses points touche l'horizon, par exemple, du côté du sud-est, un autre point le touche du côté du nord-ouest et réciproquement ; de sorte que, pendant les 24 heures de la révolution diurne, les points par lesquels l'écliptique touche l'horizon, oscillent sans cesse d'un côté vers le nord, de l'autre vers le sud, par rapport à l'est et à l'ouest. Les points de la moitié boréale de l'écliptique touchent l'horizon au nord de l'est en se levant, et au nord de l'ouest en se couchant ; les points de la moitié australe touchent l'horizon de la même manière au sud de l'est et de l'ouest. Quant à la hauteur méridienne des divers points de l'écliptique, elle varie à chaque instant, dans la révolution diurne, deux fois égale, le plus souvent supérieure ou inférieure à celle de l'équateur. A l'aide de l'horizon mobile on comprend aisément ces dispositions sans cesse changeantes de l'écliptique au-dessus de l'horizon. Le **cercle polaire arctique** est à 23° 28' du pôle boréal, et dans le ciel de perpétuelle apparition, pour nos climats.

Faites pour l'écliptique comme pour l'équateur ; remarquez quelles étoiles en sont les plus voisines, par exemples, *é* des Poissons (12), *z* du Taureau (2), *d* et *m* des Gémeaux (3), *a* Régulus du Lion (5), *b* de la Vierge (6), *a* de la Balance (7), *b* du Scorpion (8), la partie supérieure du Sagittaire (9), *b* du Capricorne (10), *b* du Verseau (11), faisant un triangle avec deux étoiles du Capricorne. L'écliptique passe par ces étoiles ou dans leur voisinage.

Des remarques analogues sur les rapports entre d'autres cercles de la sphère et les étoiles, vous permettront de fixer dans votre esprit et dans votre mémoire, le tracé, par exemple, des tropiques, des cercles polaires, des parallèles de déclinaison, des degrés d'ascension droite, etc.

Le **zodiaque** suit l'écliptique dans tout son parcours, et oscille comme lui, dans ses diverses dispositions au-dessus de l'horizon. Voyez sur l'Indicateur et reconnaissez sur la sphère céleste, les constellations dites zodiacales (§ 9). Elles vous guideront pour suivre le tracé de l'écliptique et du zodiaque. Ayez soin seulement de préciser autant que possible celui de l'écliptique, à l'aide des étoiles par lesquelles il passe ou qui en sont voisines, et supposez, pour former le zodiaque, une bande d'environ 8° au-dessus, au nord, et de 8° au-dessous, au sud de l'écliptique.

L'Indicateur fait connaître directement les constellations qui composent le ciel de perpétuelle apparition, sa limite et les étoiles pouvant marquer la trace du parallèle qui répond au zénith. Quant aux cercles horaires, aux cercles de latitude et de longitude céleste, aux cercles perpendiculaires ou parallèles à l'horizon (*azimuts et almicantarats*), ils ont, comme éléments premiers de la sphère, moins d'importance que les autres. Vous pourrez à leur égard, attendre que l'habitude de l'observation astronomique vous ait familiarisé avec la sphère et ses divisions. Attachez-vous donc d'abord à bien fixer dans votre esprit, la position et le tracé des cercles et des points que nous venons de signaler ici comme principaux; vous pourrez y rapporter, soit directement, soit par des comparaisons, presque tout le reste, et vous avancerez ainsi dans la connaissance du ciel avec autant de facilité que d'intérêt.

Notre Indicateur astronomique et son explication n'exigent, pour être compris, que des notions d'arithmétique et de géométrie on ne peut plus élémentaires.

APPENDICE.

Page 16, § 39, à la fin. Ce n'est pas au commencement, mais du 20 au 23 de chaque mois, que le soleil entre, comme on dit, dans chacun des signes du zodiaque. Ainsi l'année astronomique peut être censée commencer le 20 ou le 21 mars, par l'entrée du soleil dans le signe du Bélier ; ce sera vers le 20 avril que le soleil entrera dans le signe suivant du Taureau. Vers le 21 mai, il entrera dans celui des Gémeaux, et ainsi de suite.

Page 18, § 42, à la fin. Les heures sidérales et les signes expriment donc souvent la distance relative et la position des astres dans le sens de l'ascension droite. Ainsi, quand on dit qu'une planète, par exemple, est à 3 signes 25°, cela veut dire que son ascension droite est de 115°.

Page 20, § 45, à la fin. Le temps vrai et le temps moyen s'accordent à quatre époques de l'année qui sont assez rapprochées des équinoxes et des solstices : 1° vers le 14 avril ; 2° vers le 15 juin ; 3° vers le 1er septembre ; 4° vers le 25 décembre. Du 25 décembre au 14 avril, le temps vrai retarde. Le maximum de ce retard est vers le 12 février ; le soleil ne passe au méridien qu'à 0 h. 14' 27''. Du 14 avril au 15 juin, le temps vrai avance sur le temps moyen ; le maximum de l'avance est vers le 14 mai ;

alors le soleil arrive au méridien à 11 h. 56' 7". Du 15 mai au 1er septembre, le temps vrai retarde; le maximum du retard est vers le 25 juillet, 0 h. 6' 13". Du 1er septembre au 25 décembre, le temps vrai avance; le maximum est vers le 3 novembre, 11 h. 43' 42".

Remarquez que l'avance et le retard pour les mois d'automne et d'hiver, sont bien plus considérables que pour les mois de printemps et d'été. Cela vient de ce que, la terre étant plus rapprochée du soleil, son mouvement de révolution est plus rapide, et de ce qu'elle parcourt alors chaque jour, un plus grand arc de son orbite.

Page 22, § 49, à la fin de la note. Les 24 divisions au-dessous de cette ligne, sont des divisions horaires qui indiquent les demi-heures.

Page 61, § 111, après les mots : d'expliquer ici. Nous dirons seulement que si la terre n'avait à obéir qu'à une attraction centrale et à une force centrifuge constantes, le périhélie ne se déplacerait pas; mais elle éprouve une influence attractive de la part des autres corps planétaires, qui tantôt augmente, tantôt contrarie celle du soleil.

Cette modification du mouvement de la terre fait que l'instant du périhélie et celui de l'aphélie sont retardés, et ces points sont chaque fois portés en avant, dans l'ordre direct des signes. Ainsi les instants équinoxiaux et solsticiaux sont avancés, et leur marche est rétrograde; les instants du périhélie et de l'aphélie sont retardés, et ce mouvement est direct.

Appendice a l'indicateur. — Comme certaines constellations ont été omises sur la carte, nous allons les indiquer avec leur position :

1°. Dans l'hémisphère boréal, le Renne et le Messier entre la Polaire, Cassiopée et Persée ; le Renne est le plus près du pôle ; la Girafe entre la Polaire, le Cocher et la Grande-Ourse ; le Mural de Lalande entre le Dragon, le Bouvier et Hercule ; le Renard et l'Oie entre le Cygne, la Flèche et le Dauphin ; le Rameau et Cerbère figurent sur la carte entre Hercule dont ils font partie et la Lyre ; le Lynx entre le Petit Lion, la Grande-Ourse, le Cocher et les Gémeaux ; le Télescope d'Herschel entre les Gémeaux, le Cocher et le Lynx.

2°. Dans la partie de l'hémisphère austral portée sur la carte, l'Atelier du sculpteur, la Machine électrique et le Fourneau se trouvent dans l'ordre où nous les nommons, de 22 à 37° de déclinaison australe, compris entre le Poisson austral, le Phénix, la Baleine et l'Eridan (ascens. droite, de 345 à 55°) ; la Licorne, en partie boréale, entre Orion, le Petit-Chien, l'Hydre, le Navire et Grand-Chien ; la Boussole et la Machine pneumatique (ascens. droite, 125 à 165°), sous l'Hydre et la Coupe ; le Loup au-dessous de la Balance entre le Centaure et le Scorpion ; l'Autel sous la queue du Scorpion ; l'Ecu de Sobieski entre Antinoüs, Ophiuchus et le Sagittaire ; le Télescope et la Couronne australe sous le Sagittaire ; le Microscope au-dessous du Capricorne ; la Grue au-dessous du Poisson austral ; le Sceptre de Brandebourg, partie de l'Eridan, près d'Orion ; le Sextant entre l'Hydre et la Coupe, sur l'équateur ; le Solitaire sous la Balance, du côté du Centaure.

TABLE

ERRATA.

Page 15, ligne 9 *après* c'est *ajoutez* là
— 17 — 26 — rond *mettez* un point et virgule
— 27 — 25 — nuages *ajoutez* pour que le cadran astronomique indique l'heure,
— 30 — 31 — en effet *ajoutez* sur l'Indicateur,
— 34 — 25 *au lieu de* indiquer *lisez* faire connaître,
— 43 — 24 *après* proviennent *ajoutez* de la vitesse comparée du fluide électrique et de la rotation de la terre,
— 51 — 20 *au lieu de* ♈' *lisez* ♈[1]
— 57 — 20 *après* période *mettez* de

TRAVAUX COSMOGRAPHIQUES

DE

M. L. BEAUMARCHEY.

I.

L'auteur de l'Indicateur Astronomique, M. L. BEAUMARCHEY, s'est proposé d'éclaircir et de faciliter l'étude de la cosmographie par une série de travaux qui se suivent et se complètent pour former un ensemble et résoudre par des moyens tantôt *mécaniques*, tantôt *graphiques*, tantôt simplement *explicatifs*, les principales difficultés de la science.

L'étude et l'enseignement de la cosmographie sont et doivent être essentiellement descriptifs. Les constructions et les travaux vulgarisateurs de M. Beaumarchey, ne sont tous que des moyens descriptifs de démonstration, expliqués d'une manière simple et élémentaire.

Ces travaux peuvent se ranger en *trois catégories* : nous allons mentionner ici les principaux de chacune d'elles. Nous n'en donnerons aucune explication ; nous ne ferons que les indiquer.

1° INSTRUMENTS ET APPAREILS. — Sphère transparente de volumes différents. Globe terrestre et céleste montés sur *axifère* avec appareil de cercles mobiles. Appareil pour les éclipses. Grande demi-sphère pour représenter la sphère céleste d'après la latitude; la même beaucoup plus petite. Cadran astronomique (voir page 26). Appareils cosmiques pour représenter les amas stellaires. Appareils pour représenter : 1° les courbes non fermées décrites par la révolution de la terre ; 2° la précession des équinoxes; 3° le changement de l'obliquité de l'écliptique; 4° le mouvement du périhélie. Sphère polyaxe.

2° Textes avec figures. — Exposition de la cosmographie. Le vulgarisateur cosmographe. Atlas de cosmographie.

3° Tableaux et figures. — Indicateur astronomique, 3me édition, avec des pièces mobiles, des figures de cosmographie et une brochure explicative (*publié*). Tableaux des nombres utiles et curieux à connaître sur le système planétaire, les étoiles et les nébuleuses. Tableau pour l'intelligence des parallaxes. Tableau et méthode pour trouver la place des planètes sur la sphère céleste. Tableau des climats géographiques et astronomiques, avec les principales particularités physiques et géologiques des diverses contrées du globe. Carte-globe pour les longitudes, les rapports horaires et la télégraphie. Tableau pour les heures sidérales et solaires comparées. Tableau de cinq positions de la terre pendant la période de la précession des équinoxes. Table pour la déviation du pendule aux diverses latitudes (*publiée*). Tableau pour la précession des équinoxes, le périhélie et l'obliquité de l'écliptique.

Table perpétuelle des levers et couchers de la lune, selon les phases et les mois. Tableau pour les éclipses, pendant une longue suite d'années. Lunaisons représentées à l'aide de deux bandes divisées, dont l'une est mobile. Trajectoire annuelle de la lune.

Explication figurée du temps vrai et du temps moyen. Tableau des différences horaires pour plus de 1,200 positions géographiques, avec pièce mobile. Horloge cosmographique ou des méridiens célestes, indiquant l'heure la nuit, et les mouvements du ciel, à l'aide de cinq constellations circompolaires, avec pièce mobile (publiée chez Leiber, rue de Seine, 13, à Paris). Horloge géographique ou des méridiens terrestres donnant la différence des heures d'après la longitude, avec pièce mobile (publiée chez Leiber, etc.). Tableau indiquant le mouvement annuel de la ligne d'ombre de la terre et ses rapports avec les divers climats et contrées.

Nota. — Quatre de ces études cosmographiques ont été jusqu'à présent publiées. Des autres, une partie pourrait l'être dès à présent; le reste est plus ou moins avancé.

II.

Extraits d'un rapport fait au Congrès scientifique de France tenu à Aix, en 1866, sur les travaux cosmographiques de M. Beaumarchey.

A la suite d'une communication faite par M. Beaumarchey à la section des sciences du Congrès scientifique de France, tenu à Aix, en décembre 1866, M. Dieulafait, professeur et l'un des secrétaires de cette section, rédigea un rapport dont voici quelques extraits :

« Dans les travaux cosmographiques de M. Beaumarchey, deux points ont particulièrement attiré l'attention de la section des sciences. C'est, en premier lieu, la vue générale qui préside à toute la conception de M. Beaumarchey; c'est ensuite un ensemble de dispositions ingénieuses remplissant parfaitement le but que s'est proposé l'auteur.

« Ces appareils qui attestent chez leur inventeur une connaissance très-précise non-seulement de la science générale, mais surtout des points délicats par lesquels les jeunes gens sont infailliblement arrêtés, ont été examinés avec un plaisir non dissimulé, par tous les membres de la section, et plusieurs d'entre eux, qui par goût ou par les devoirs de leurs fonctions, s'occupent spécialement de ces questions, ont vivement félicité M. Beaumarchey de ses très-utiles créations.

« *La sphère céleste transparente* d'un volume assez considérable, renferme dans son intérieur, un ensemble de pièces mobiles qui représentent le soleil, les planètes avec leurs satellites, l'inclinaison et la direction particulières de chacun des axes, les mouvements divers de chacun des corps, les orbites, leurs intersections, etc.

« *Les deux globes céleste et terrestre sont dits montés sur axifère avec appareil de cercles mobiles.* A l'aide de cette monture, on représente avec la plus grande facilité, la position de la terre, ses mouvements, les différentes dispositions du méridien et de l'horizon, les changements périodiques ou séculaires de l'inclinaison de l'axe et de sa direction par l'effet de la précession des équinoxes, etc. Le globe céleste est fixe, l'appareil seul des cercles se meut.

« Cette monture, la seule que M. Beaumarchey emploie dans ses instruments, a le très-grand avantage, ainsi que le Congrès l'a constaté, de se prêter bien plus facilement que les autres, aux exigences de l'enseignement.

« L'appareil destiné à montrer les *phases de la lune* et à servir à l'explication du phénomène *des éclipses*, permet de se rendre immédiatement compte de la rétrogradation des nœuds de l'orbite lunaire, etc.

« M. Beaumarchey annonce au Congrès que, dans un instrument analogue, mais qu'il ne présente pas, il a expliqué *la rétrogradation des nœuds de l'équateur céleste et de l'écliptique, etc.*, et qu'il arrive ainsi à faire parfaitement saisir l'un des points les plus délicats de la cosmographie, la précession des équinoxes. »

Le rapport mentionne ensuite le *Cadran astronomique* et l'*Indicateur astronomique*. A propos de ce dernier, il est dit que, « à l'aide de cette carte, l'auteur a immédiatement fait comprendre à ceux des membres de la section qui la voyaient pour la première fois, comment elle permettait de trouver avec la plus grande facilité, pour un lieu donné, l'heure du passage d'un astre au méridien, et comment, à l'aide d'une simple pièce mobile elliptique (*l'horizon mobile*), il devient facile de savoir, pour une époque donnée, quelle était la partie visible du ciel.

« M. Beaumarchey entretient ensuite le Congrès de plusieurs autres appareils se rattachant toujours à la même idée, et comme les premiers, destinés à faire disparaître les nombreuses difficultés que présente, sans le secours d'instruments bien faits, l'étude de la cosmographie. Parmi ces instruments, il en est quelques-uns plus importants que les autres en ce sens qu'ils peuvent servir à un plus grand nombre de démonstrations. Mais la collection est telle, qu'en se procurant ces publications, on n'a pas à craindre qu'il y en ait qui fasse double emploi.

« La section des sciences du Congrès remercie M. Beaumarchey de ses remarquables communications. Tous ses membres expriment l'espoir de voir bientôt ces appareils entrer dans le commerce, afin qu'ils puissent prendre place dans l'enseignement public, où les attend un succès qui ne pourra manquer de grandir chaque année, à mesure qu'ils seront plus connus. »

III.

Appel aux maisons de librairie classique, aux fabricants de globes et sphères, aux éditeurs des travaux scientifiques, aux professeurs et aux amateurs de cosmographie.

La position et les ressources de M. Beaumarchey ne lui ont encore permis que de publier une bien faible partie de ses travaux cosmographiques. Homme d'étude et de cabinet, il est, comme beaucoup d'autres, plus propre à trouver les idées et à les exprimer dans une première ébauche, qu'à les utiliser comme valeurs industrielles et commerciales. Ses créations risquent d'être perdues pour l'enseignement et pour le public, s'il ne trouve pas auprès de ceux qui peuvent patroner ou qui s'occupent d'éditer et de fabriquer des œuvres du genre des siennes, des moyens ou tout au moins des occasions de les publier et de les faire connaître.

Il offre donc aux maisons de librairie classique, aux fabricants de globes et sphères ou d'appareils pour les sciences, de s'entendre avec eux, dans le but de les mettre à même de juger de ce que ses travaux peuvent avoir de neuf et d'utile pour l'étude et d'avantageux sous le rapport industriel et commercial. Quant aux conditions de ses arrangements, il ne veut y trouver qu'une modeste rémunération, subordonnée aux résultats de la publication, et qui du reste ne sera jamais en rapport avec les sacrifices de tout genre que ces travaux lui ont coûtés.

Pour toute proposition concernant un ensemble ou même un seul de ses instruments, appareils, tableaux, etc., on peut s'adresser à lui, à Aix-en-Provence (Bouches-du-Rhône).

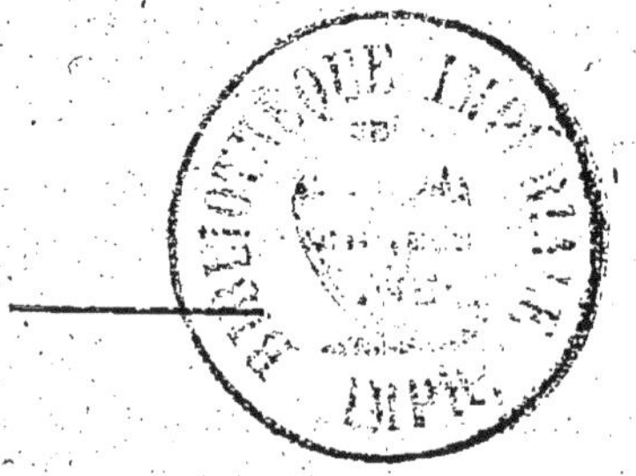

Aix, imp. J. Nicot, Cours, 55.

… COSMOGRAPHIQUE.

… GÉOGRAPHIQUE

www.ingramcontent.com/pod-product-compliance
Ingram Content Group UK Ltd.
Pitfield, Milton Keynes, MK11 3LW, UK
UKHW012054240726
13965UKWH00003B/1289

9 782013 036863